建筑业农民工职业技能培训教材

工程电气设备安装调试工

建设部干部学院　主编

华中科技大学出版社

中国·武汉

内 容 提 要

本书是按原建设部、劳动和社会保障部发布的《职业技能标准》、《职业技能岗位鉴定规范》内容,结合农民工实际情况,系统地介绍了工程电气设备安装调试工的基础知识以及工作中常用材料、机具设备、基本施工工艺、操作技术要点、施工质量验收要求、安全操作技术等。主要内容包括电工工具与仪表,电工常用材料,继电保护装置,变配电设备安装工程,供配电线路安装工程,电气照明安装工程,低压电器安装工程,防雷及接地装置安装工程,工程电气设备安装调试工安全操作技术。本书做到了技术内容最新、最实用,文字通俗易懂,语言生动,并辅以大量直观的图表,能满足不同文化层次的技术工人和读者的需要。

本书是建筑业农民工职业技能培训教材,也适合建筑工人自学以及高职、中职学生参考使用。

图书在版编目(CIP)数据

工程电气设备安装调试工/建设部干部学院　主编
—武汉:华中科技大学出版社,2009.5
建筑业农民工职业技能培训教材.
ISBN 978-7-5609-5296-3

Ⅰ.工…　Ⅱ.建…　Ⅲ.建筑安装工程—电气设备—技术培训—教材　Ⅳ.TU85

中国版本图书馆 CIP 数据核字(2009)第 049510 号

工程电气设备安装调试工	建设部干部学院　主编
责任编辑:王与娟	封面设计:张　璐 责任监印:张正林

出版发行:华中科技大学出版社(中国·武汉)武昌喻家山
邮　　编:430074
发行电话:(022)60266190　60266199(兼传真)
网　　址:www.hustpas.com

印　　刷:天津泰宇印务有限公司

开本:710mm×1000mm 1/16	印张:8.25	字数:166 千字
版次:2009 年 5 月第 1 版	印次:2009 年 5 月第 1 次印刷	定价:15.00 元

ISBN 978-7-5609-5296-3/TU·584

(本书若有印装质量问题,请向出版社发行科调换)

《建筑业农民工职业技能培训教材》
编审委员会名单

主编单位: 建设部干部学院

编 审 组:(排名按姓氏拼音为序)

边 嫘　邓祥发　丁绍祥　方展和　耿承达

郭志均　洪立波　籍晋元　焦建国　李鸿飞

彭爱京　祁政敏　史新华　孙 威　王庆生

王 磊　王维子　王振生　吴月华　萧 宏

熊爱华　张隆新　张维德

前　　言

为贯彻落实《就业促进法》和（国发〔2008〕5 号）《国务院关于做好促进就业工作的通知》文件精神，根据住房和城乡建设部［建人（2008）109 号］《关于印发建筑业农民工技能培训示范工程实施意见的通知》要求，建设部干部学院组织专家、工程技术人员和相关培训机构教师编写了这套《建筑业农民工职业技能培训教材》系列丛书。

丛书结合原建设部、劳动和社会保障部发布的《职业技能标准》、《职业技能岗位鉴定规范》，以实现全面提高建设领域职工队伍整体素质，加快培养具有熟练操作技能的技术工人，尤其是加快提高建筑业农民工职业技能水平，保证建筑工程质量和安全，促进广大农民工就业为目标，按照国家职业资格等级划分的五级：职业资格五级（初级工）、职业资格四级（中级工）、职业资格三级（高级工）、职业资格二级（技师）、职业资格一级（高级技师）要求，结合农民工实际情况，具体以"职业资格五级（初级工）"和"职业资格四级（中级工）"为重点而编写，是专为建筑业农民工朋友"量身订制"的一套培训教材。

同时，本套教材不仅涵盖了先进、成熟、实用的建筑工程施工技术，还包括了现代新材料、新技术、新工艺和环境、职业健康安全、节能环保等方面的知识，力求做到了技术内容最新、最实用，文字通俗易懂，语言生动，并辅以大量直观的图表，能满足不同文化层次的技术工人和读者的需要。

丛书分为《建筑工程》、《建筑安装工程》、《建筑装饰装修工程》3 大系列 23 个分册，包括：

一、《建筑工程》系列，11 个分册，分别是《钢筋工》、《建筑电工》、《砌筑工》、《防水工》、《抹灰工》、《混凝土工》、《木工》、《油漆工》、《架子工》、《测量放线工》、《中小型建筑机械操作工》。

二、《建筑安装工程》系列，6 个分册，分别是《电焊工》、《工程电气设备安装调试工》、《管道工》、《安装起重工》、《钳工》、《通风工》。

三、《建筑装饰装修工程》系列，6 个分册，分别是《镶贴工》、《装饰装修木工》、《金属工》、《涂裱工》、《幕墙制作工》、《幕墙安装工》。

本书根据"工程电气设备安装调试工"工种职业操作技能，结合在建筑工程中实际的应用，针对建筑工程施工材料、机具、施工工艺、质量要求、安全操作技术等做了具体、详细的阐述。本书内容包括电工工具与仪表，电工常用材料，继电保护装置，变配电设备安装工程，供配电线路安装工程，电气照明安装工程，低压电器安装工程，防雷及接地装置安装工程，工程电气设备安装调试工安全操作技术。

本书对于正在进行大规模基础设施建设和房屋建筑工程的广大农民工人和技术人员都将具有很好的指导意义和极大的帮助，不仅极大地提高工人操作技能水平和职业安全水平，更对保证建筑工程施工质量，促进建筑安装工程施工新技术、新工艺、新材料的推广与应用都有很好的推动作用。

由于时间限制，以及编者水平有限，本书难免有疏漏和谬误之处，欢迎广大读者批评指正，以便本丛书再版时修订。

编　者

2009 年 4 月

目　录

第一章 电工工具与仪表

第一节 电工工具

一、常用电工工具

1. 挤压钳

挤压钳用来压接导线线鼻子,分为两种:一种是机械式的,扳动一根手柄,作用在同一个轴上,螺旋方向相反的螺杆两端,带动冲头,将线鼻子与芯线牢牢的挤压在一起;另一种是液压式的,压动手柄,驱动活塞将冲头压入线鼻内,与芯线牢牢的挤压在一起。

挤压接头与焊接相比有很多优点,一是接触好;二是不用加热;三是操作方便;四是连接稳定可靠。

2. 电烙铁

电烙铁主要是用来焊接电路和导线。电烙铁按其功率从 $15\sim500$ W 有各种不同的规格。

使用电烙铁要注意安全,防止烫伤,同时要远离易燃物品,防止火灾。

3. 紧线钳

紧线钳主要是用来收紧架空线路的。紧线钳的一端做成小型的台虎钳口;另一端装一个滚轮,与滚轮装在同一个轴上的还有一个棘轮,滚轮的另一端连着一个四方轴头。使用时将钳口夹住导线,将导线的端头绕过对拉瓷瓶,与紧线钳的另一端滚轮上引出的钢丝绳牢固连接。用扳手转动四方轴头,就带动装在同一根轴上的滚轮和棘轮向同一个方向转动,固定在滚轮上的细钢丝绳就被缠绕在滚轮上,钢丝绳的另一端带动绕过瓷瓶的导线,越拉越紧。当紧到合适的程度时,将导线绕过瓷瓶的两端牢牢地绑扎在一起,紧线工作就完成了。由于棘轮只能向一个方向转动,线路只能往一个方向缠绕,所以线不会松开。要拆下紧线钳时,只需将顶着棘轮的棘爪搬开,紧线钳就可以拆下。

二、常用防护用具

1. 绝缘安全用具

绝缘安全用具分为两大类:一类是基本安全用具,它的绝缘强度高,用来直接接触高压带电体,足以耐受电器设备的工作电压,如高压绝缘拉杆(零克棒)

等;另一类是辅助安全用具,它的绝缘强度相对较低,不能作为直接接触带电体的用具使用,如绝缘手套、绝缘靴、绝缘鞋等。

使用基本安全用具首先要查看耐压试验的合格证及试验日期。这些信息一般都用标签的形式粘贴在用具上,基本安全用具的耐压试验周期一般为一年。如果超过期限,就不得使用。使用辅助安全用具,除了按照上述要求检查之外,还要做一些性能检验,如:绝缘手套要做充气检验,看一下是否漏气。直接安全用具与辅助安全用具是同时配合使用的。

2. 临时接地线

临时接地线是在电气设备检修时,将检修停电区与非停电区用短路接地的方式隔开并保护起来的一种安全用具。它的作用主要是防止突然来电造成的触电事故,同时还可以用来防止临近高压设备对检修停电区造成的感应电压伤及作业人员。

使用临时接地线要注意的操作顺序是:先停电,再验电,确认无电才能挂接地线,接线时,一定要先接接地端,再接线路端。拆除时顺序相反,一定要先拆线路端,后拆接地端,以防在挂、拆过程中突然来电,危及操作人员安全。临时接地线要用多股软铜线制作,截面积不得小于 25 mm²。

3. 登高作业安全用具

安全带是电工登高作业的必备安全用具。在使用前,要确认是否为合格产品,还要检查安全带和连接铁件是否牢固、安全、可靠,发现损坏不得使用。电工安全带由长、短两根带子钉在一起组成,短带拴在腰上,长带子拴在电杆或其他牢固的位置,既要防止作业人员高处坠落,又要保证作业人员工作时有一定的舒适性。

4. 安全标示牌

安全标示牌有很多种,电工用的主要有:"止步,高压危险"、"有人工作,禁止合闸"等。它的作用主要是警告有关人员不得接近带电体、提醒有关人员不得向某段电器设备送电。

5. 验电笔

验电笔是用来检验电器设备是否带电的用具。验电笔分为高压和低压两种。低压验电笔一般做成钢笔或螺丝刀的形状,便于携带,还有多种实用功能。低压验电笔测量的电压范围在 60~500 V 之间。高压验电笔的原理和低压验电笔基本一样,只是电阻更大,笔杆更长。使用时要捏住笔杆后面的金属部分,也就是验电时,人体成了验电回路的一部分。由于验电笔中串联的电阻阻值很大,不会威胁到人身安全。验电笔在使用前应做检验。检验的方法是用验电笔先验已知带电的设备,确认验电笔是好的,再用此验电笔去检验被测设备,确认是否带电。

第二节　电工仪表

一、电工仪表简介

电工仪表是用于测量电压、电流、功率、电能等电气参数的仪表。常用的电工仪表有万用表、钳形电流表、兆欧表、接地电阻表等。电工仪表的一个重要参数就是准确度，电工仪表准确度分为 7 级，各级仪表允许误差见表 1-1。

表 1-1　　　　　　　　　　　电工仪表准确度等级

仪表准确度等级	0.1	0.2	0.5	1.0	1.5	2.5	5.0
基本误差/（%）	±0.1	±0.2	±0.5	±1.0	±1.5	±2.5	±5.0

仪表准确度等级的数字是指仪表本身在正常工作条件下的最大误差占满刻度的百分数。正常条件下，最大绝对误差是不变的，但在满刻度限度内，被测量的值越小，测量值中误差所占的比例越大。因此，为提高精确度，在选用仪表时，要使测量值在仪表满刻度的 2/3 以上。

二、常用电工仪表

1. 万用表

万用表是常用的多功能、多量程的电工仪表，一般可用来测量直流电压、直流电流、交流电压和电阻等。常用的万用表如图1-1所示。

用万用表测量时，测电压要将万用表并连接入电路，测电流时应将万用表串连接入电路，测直流时要注意正负极性，同时要将测量转换开关转到相应的档位上。

使用万用表时应注意以下几点。

（1）转换开关一定要放在需测量档的位置上，不能放错，以免烧坏仪表。

（2）根据被测量项目，正确接好万用表。

图 1-1　MF30 型万用表面板图
1—量程选择开关；2—调零螺钉；
3—测电阻的调零旋钮；4—插接孔

（3）选择量程时，应由大到小，选取适当位置。测电压、电流时，最好使指针指在标度尺 1/2～2/3 以上的地方；测电阻时，最好选在刻度较稀的地方和中心点，转换量限时，应将万用表从电路上取下，再转动转换开关。

（4）测量电阻时，应切断被测电路的电源。

（5）测直流电流、直流电压时，应将红色表棒插在红色或标有"＋"的插孔内，另一端接被测对象的正极；黑色表棒插在黑色或标有"－"的插孔内，另一端接被测对象的负极。

（6）万用表不用时，应将转换开关拨到交流电压最高量程档或关闭档。

2. 兆欧表

兆欧表俗称摇表、绝缘摇表，如图 1-2 所示。主要用于测量电气设备的绝缘电阻，如电动机、电气线路的绝缘电阻，判断设备或线路有无漏电、绝缘损坏或短路。

万用表虽然也能测得数千欧的绝缘阻值，但它所测得的绝缘阻值，只能作为参考，因为万用表所使用的电源电压较低，绝缘物质在电压较低时不易击穿，而一般被测量的电气设备，均要接在较高的工作电压上，为此，绝缘电阻只能采用兆欧表来测量。一般还规定在测量额定电压 500 V 以上的电气设备的绝缘电阻时，必须选用 1000～2500 V 兆欧表。测量额定电压 500 V 以下的电气设备，则以选用 500 V 摇表为宜。

兆欧表工作示意如图 1-3～图 1-5 所示。

图 1-2　兆欧表

1—接线柱 E；2—接线柱 L；

3—接线柱 G；4—提手；5—摇把

图 1-3　测量照明或动力线路的绝缘电阻

1—兆欧表；2—导线；3—钢管

图 1-4　测量电机绝缘电阻

1—兆欧表；2—电动机

图 1-5　测量电缆的绝缘电阻

1—兆欧表；2—电缆

兆欧表在使用中须注意以下几点。

（1）正确选择其电压和测量范围。选用兆欧表的电压等级应根据被测电气设备的额定电压而定：一般测量 50 V 以下的用电器绝缘电阻，可选用 250 V 兆欧表;50～380 V 的用电设备检查绝缘情况,可选用 500 V 兆欧表。500 V 以下的电气设备,兆欧表应选用读数从零开始的,否则不易测量。因为在一般情况下,电气设备无故障时,由于绝缘受潮,其绝缘电阻在 0.5 MΩ 以上时,就能给电气设备通电试用,若选用读数从 1 MΩ 开始的兆欧表,对小于 1 MΩ 的绝缘电阻无法读数。

(2)选用兆欧表外接导线时,应选用单根的多股铜导线,不能用双股绝缘线,绝缘强度要在 500 V 以上,否则会影响测量的精确度。

(3)测量电气设备绝缘电阻时,测量前必须断开设备的电源,并验明无电,如果是电容器或较长的电缆线路应先放电后再测量。

(4)兆欧表在使用时必须远离强磁场,并且平放,摇动摇表时,切勿使表受振动。

(5)在测量前,兆欧表应先做一次开路试验,然后再做一次短路试验,表针在前次试验中应指到∞处,而后次试验表针应指在 0 处,表明兆欧表工作状态正常,可测电气设备。

(6)测量时,应清洁被测电气设备表面,以免引起接触电阻大,测量结果不准。

(7)在测电容器的绝缘电阻时,须注意电容器的耐压必须大于兆欧表发出的电压值。测完电容后,应先取下摇表线再停止摇动手柄,以防已充电的电容向摇表放电而损坏摇表,测完的电容要对电阻放电。

(8)兆欧表在测量时,还须注意摇表上 L 端子应接电气设备的带电体一端,而 E 端子应接设备外壳或接地线。在测量电缆的绝缘电阻时,除把兆欧表接地端接入电气设备接地外,另一端接线路后,还须将电缆芯之间的内层绝缘物接保护环,以消除因表面漏电而引起读数误差。

(9)若遇天气潮湿或降雨后空气湿度较大时,应使用"保护环"以消除绝缘物表面泄流,使被测物绝缘电阻比实际值偏低。

(10)使用兆欧表测试完毕后也应对电气设备进行一次放电。

(11)使用兆欧表时,要保持一定的转速,按兆欧表的规定一般为 120 转/分钟,容许变动±20%,在 1 分钟后取一稳定读数。测量时不要用手触摸被测物及兆欧表接线柱,以防触电。

(12)摇动兆欧表手柄,应先慢再逐渐加快,待调速器发生滑动后,应保持转速稳定不变。如果被测电气设备短路,表针摆动到"0"时,应停止摇动手柄,以免兆欧表过流发热烧坏。

(13)兆欧表在不使用时应放于固定柜橱内,周围温度不宜太冷或太热,切忌放于污秽、潮湿的地面上,并避免置于含侵蚀作用的气体附近,以免兆欧表内部线圈、导流片等零件发生受潮、生锈、腐蚀等现象。

(14)应尽量避免剧烈的长期的振动,造成表头轴尖变秃或宝石破裂,影响指示。

(15)禁止在雷电时或在邻近有带高压导体的设备时用兆欧表进行测量,只有在设备不带电又不可能受其他电源感应而带电时才能进行。

3. 接地电阻表

接地电阻表用于测量各种电力系统、电气设备、避雷针等接地装置的电阻值,也可用于测量低电阻导体的电阻值和土壤电阻率。外观如图1-6所示。

接地电阻表附有接地探测针两支(电位探测针、电流探测针)、导线三根(其中5 m长一根用于接地极,20 m长一根用于电位探测针,40 m长一根用于电流探测针接线)。

用接地电阻表测量接地电阻方法如下:

(1)接地电阻表E端钮接5 m导线,P端钮接20 m导线,C端钮接40 m导线,导线的另一端分别接被测物接地极E1、电位探棒P1和电流探棒C1,且E1、P1、C1应保持直线,其间距为20 m,如图1-7所示。

图1-6 ZCB型接地电阻测量仪

1—接线端钮;2—倍率选择开关;

3—测量标度盘;4—摇把;5—把手

图1-7 接地电阻测量接线

(2)将仪表水平放置,调整零指示器,使零指示器指针指到中心线上,将倍率标度置于最大倍数,慢慢转动手摇发电机的手柄,同时旋动标度盘,使零指示器的指针指在中心线上,当指针接近中心线时,加快发电机手柄转速,使其达到150转/分钟,调整标度盘,使指针指于中心线上。

(3)如果标度盘读数小于1,应将倍率标度置于较小倍数重新测量。当零指示器指针完全平衡指在中心线上后,将此时标度盘的读数乘以倍率标度即为所测的接地电阻值。

使用接地电阻表时应注意以下几点。

（1）若零指示器的灵敏度过高，可调整电位探测针 P1 插于土壤中的深浅，若灵敏度不够，可沿电位探测针 P1 和电流探测针 C1 之间的土壤注水，使其湿润。

（2）在测量时，必须将接地装置线路与被保护的设备断开，以保证测量准确。

（3）必须要保证 E1 与 P1 之间以及 P1 与 C1 之间的距离，并确保三点在一条直线上，这样测量误差才可以忽略不计。

（4）当测量小于 1Ω 的接地电阻时，应将接地电阻表上 2 个 E 端钮的连接片打开，然后分别用导线连接到被测接地体上，以消除测量时连接导线的电阻造成附加测量误差。

（5）禁止在有雷电或被测物带电时进行测量。

4. 钳形表

钳形表主要用于在不断开线路的情况下直接测量线路电流，如图 1-8 所示。

钳形表主要部件是一个只有次级绕组的电流互感器，在测量时将钳形表的磁铁套在被测导线上，导线相当于互感器的初级线圈，利用电磁感应原理，次级线圈中便会产生感应电流，与次级线圈相连的电流表指针便会发生偏转，指示出线路中电流的数值。

使用钳形表时应注意以下几点。

（1）在使用钳形表时要正确选择钳形表的档位位置。测量前，根据负载的大小估计一下电流数值，然后从大档位向小档位切换，换档时被测导线要置于钳形表卡口之外。

图 1-8　钳形电流表
1—被测导线；2—铁芯；
3—二次绕组；4—表头；
5—量程开关；6—手柄；
7—铁芯开关

（2）检查表针在不测量电流时是否指向零位，若不指零，应用小螺丝刀调整表头上的调零螺栓使表针指向零位，以提高读数准确度。

（3）因为是测量运行中的设备，因此手持钳形表在带电线路上测量时要特别小心，不得测量无绝缘的导线。

（4）测量电动机电流时，搬开钳口活动磁铁，将电动机的一根电源线放在钳口中央位置，然后松手使钳口密合好，如果钳口接触不好，应检查弹簧是否损坏或脏污，如有污垢，用干布清除后再测量。

（5）在使用钳形电流表时，要尽量远离强磁场（如通电的自耦调压器、磁铁等），以减少磁场对钳形电流表的影响。

（6）测量较小的电流时，如果钳形电流表量程较大，可将被测导线在钳形电流表口内绕几圈，然后去读数。线路中实际的电流值应为仪表读数除以导线在钳形电流表上绕的匝数。

5. 漏电保护装置测试仪

漏电保护装置测试仪主要用于检测漏电保护装置中的漏电动作电流、漏电动作时间,另外也可测量交流电压和绝缘电阻。

测量漏电动作电流、动作时间时,将一表棒接被测件进线端 N 线或 PE,另一表棒接被测件出线端 L 线,如图1-9所示。按仪表上的功能键选择 100 mA 或 200 mA量程,按测试键,稳定后的显示数即为漏电动作电流值,每按转换键一次漏电动作电流和动作时间循环显示一次。

图 1-9　漏电保护装置测试仪测试接线图

测量漏电动作电流时须注意:①测试前应检查测试仪、表棒等完好无损,表棒线不互绞,以免影响读数正确和安全使用。②测量时先将测试仪与被测件连接好,然后再连接被测件与电源。③绝缘电阻插孔禁止任何外电源引入,改变测试功能时必须脱离电源,表棒改变插入孔再连接电源开机。④测量结束后,应先将被测件与电源脱离,然后再撤仪表连接线。

6. 电能表

电能表又称电度表,是测量某一段时间内所消耗的电能。电度表接线方法如下:

(1)单相电度表接线。

单相电度表有 4 个接线柱头,从左到右按①、②、③、④编号,接线方法一般按①、③接电源线,②、④接出线的方式连接,如图 1-10 所示。也有些单相表是按①、②接电源线,③、④接出线方式,所以具体的接线方式,参照电度表接线盖子里的接线图为准。

图 1-10　单相电度表的接线

1—电度表;2—电度表接线桩盖子;3—进、出线

(2)三相电度表的接线。

1)直接式三相四线制电度表的接线。这种电度表共用 11 个接头,从左至右按 1、2、3、4、5、6、7、8、9、10、11 编号。其中 1、4、7 是电源线的进线桩头,用来连

接从电源总开关下引来的三根线。3、6、9是相线的出线桩头,分别去接负载总开关的三个进线桩头。10、11是电源中性线的进线和出线桩头。2、5、8三个接头可空着,如图1-11所示。

2)直线式三相三线制电度表的接线。这种电度表共有8个接线桩,其中1、4、6是电源相线进线桩头,3、5、8是相线出线桩头,2、7两个接线桩可空着,如图1-12所示。

1)电度表总线必须用钢芯单股塑料硬线,其最小截面不得小于1.5 mm^2,中间不准有接头。

2)电度表总线必须明线敷设,长度不宜超过10 m。若采用线管敷设时,线管也必须明敷。

图1-11 三相四线制电度表直接接线
a—电度表;b—接线桩盖板;
c—接线原理;d—接线桩
1~11 接线桩桩头序号

图1-12 直线式三相三线制电度表的接线
a—电度表;b—电源进线;c—进线的连接;
d—出线的连接;e—接线原理图
1~8 接线桩头

电度表接线注意事项如下:

3)接线方式进入电度表时一般以"左进右出"为接线原则。

4)电度表必须垂直安装于地面,表的中心离地面高度应在$1.4 \sim 1.5 \text{ m}$之间。

三、电工仪表的周期鉴定

1. 外观检查

(1)仪表应有保证该表正确使用的必要标志,包括仪表盘上各种准确度符号、技术参数符号、代号所属标准的编号等。

（2）不应有可以引起测量误差和因损害的缺陷，包括表壳、玻璃、表针、标度尺、接线柱、消除视差的镜子等的损坏以及存在的缺陷，都作为外观检查的内容。

2. 倾斜影响

倾斜影响是检查仪表可动部分的平衡情况，当仪表工作位置倾斜角度超出规定时，如果仪表的可动部分平衡不好，会有较大的附加误差的产生，超出允许值。试验时，将仪表由工作位置向任意方向倾斜，在允许的倾斜角度内，与工作位置应不会有较大的差别。

3. 仪表基本误差测定

一般仪表基本误差的测定要做 1～2 次，重复 1～2 次，由零点开始调节调节器，均匀地达到被测仪表的上限值以上，然后再均匀地降到零，观察一下仪表是否回零，再进行仪表基本误差测定。从上限到下限一般要测 5 个点以上，具体要视仪表的情况来定，上行过程要到被检点时应注意慢点升，只允许升，不允许降，一次升到，否则从头做，下行过程也是如此只允许降。测量过程中，升降时看被检表的刻度，读数时看标准表的指示刻度，被检表的实际值等于标准表的指示值。

通过检测出仪表的读值，采用引用误差计算出基本误差值。

4. 升降变差

同一量值，上升时与下降时指示不同，其差值是由于磁滞误差、轴隙误差、摩擦误差及不平和误差造成的。允许变差值可由规程标准中查出。

5. 不回零位

当仪表接入被测量后，将被测量减至零，此时表针指示不应偏离零位。出现偏离零位是由游丝的永久变形误差和摩擦误差产生的。仪表的不回零位的检查适用于能耐受机械力作用的仪表，不回零位值由规程标准中可查出。

6. 绝缘

在各项试验完成后，最后对鉴定仪表进行绝缘电阻的测量和绝缘强度的试验。

7. 仪表的鉴定结论

仪表的鉴定结论分为合格与不合格。结论要根据鉴定的全部项目做出鉴定的结果，最后发给鉴定证书。鉴定证书上给出最大基本误差、最大变差和修正值，0.5 级以下的仪表，在鉴定证书中不给出任何数值，只作出合格与不合格的鉴定结论。0.5 级及以上的仪表要给出仪表的最大基本误差、最大变差和修正值。

第二章　电工常用材料

第一节　电线和电缆

一、常用电线

常用的导线按线芯材料可分为铜导线和铝导线;按线芯根数可分为单股线和多股线;按绝缘材料可分为塑料绝缘线和橡皮绝缘线等。常用导线型号、名称及重要用途见表 2-1。

表 2-1　　　　　　　　　　　常用的导线型号、名称及主要用途

| 型号 | | 名　称 | 主要用途 |
铜芯	铝芯		
BX	BLX	棉纱编织橡皮绝缘导线	固定敷设用,可明敷,暗敷
BXF	BLXF	氯丁橡皮绝缘导线	固定敷设用,可明敷,暗敷,尤其适用于户外
BV	BLV	聚氯乙烯绝缘导线	室内外电器、动力及照明固定敷设
—	NLV	农用地下直埋铝芯聚氯乙烯绝缘导线	直埋地下最低敷设温度不低于零下15 ℃
	NLVV	农用地下直埋铝芯聚氯乙烯绝缘和护套导线	
	NLYV	农用地下直埋铝芯聚乙烯绝缘聚氯乙烯护套导线	
BXR	—	棉纱编织橡皮绝缘软线	室内安装,要求较柔软时用
BVR	—	聚氯乙烯软导线	同 BV 型,安装要求较柔软时用
RXS		棉纱编织橡皮绝缘双绞软导线	室内干燥场所日用电器用
RX		棉纱总编织橡皮绝缘软导线	
RV		聚氯乙烯绝缘软导线	日用电器、无线电设备和照明灯头接线
RVB		聚氯乙烯绝缘平型软导线	
RVS		聚氯乙烯绝缘绞型软导线	

注:凡聚氯乙烯绝缘导线安装,温度均不低于 −15 ℃。

二、常用电缆

电力电缆是传输和分配电能的一种特殊电线,主要用于输送和分配电流,电力电缆的表示方法见表2-2。

表2-2　　　　　　　　　　　　　电力电缆的表示方法

类别、用途	导体	绝缘种类	内护层	其他特征
电力电缆(省略不表示) K—控制电缆 P—信号电缆 Y—移动式软电缆 R—软线 X—橡皮电缆 H—市内电话电缆	T—铜 (一般 省略) L—铝线	Z—纸绝缘 X—天然橡胶 (X)D—丁基橡皮 (X)E—乙丙橡皮 V—聚氯乙烯 Y—聚乙烯 YJ—交联聚乙烯	Q—铅护套 L—铝护套 H—橡皮护套 F—氯丁胶(护套) V—聚氯乙烯护套 Y—聚乙烯护套	D—不滴流 F—分相 P—屏蔽 CY—充油

注:在电缆型号前加上拼音字母ZR—表示阻燃系列,NH—表示耐火系列。

电缆具有防潮、防腐、阻燃和防损伤、节约空间、易敷设等特点,除一般的敷设方式外,还可以敷设在水中或海底,其缺点是价贵、维护和检修较为复杂。

电力电缆一般按照其绝缘类型分为聚氯乙烯绝缘(塑料)电力电缆、交联聚乙烯绝缘电力电缆、橡皮绝缘电力电缆、油浸纸绝缘电力电缆。

1. 聚氯乙烯绝缘电力电缆

用于固定敷设交流50 Hz,额定电压1000 V及以下输配电线路,制造工艺简便,没有敷设高差限制,可以在很大范围内代替油浸纸绝缘电缆和不滴流浸渍纸绝缘电缆。主要优点是质量轻,弯曲性能好,机械强度较高,接头制作简便,耐油、耐酸碱和耐有机溶剂腐蚀,不延燃,具有内铠装结构,使钢带和钢丝免受腐蚀,价格较便宜,安装维护简单方便。缺点是绝缘易老化,柔软性不及橡皮绝缘电缆。

2. 交联聚乙烯绝缘电力电缆

用于固定敷设交流50 Hz,额定电压35 kV及以下的电力输配电线路中。交联聚乙烯绝缘电力电缆具有优良的电气性能和耐化学腐蚀性,介质损耗小,其正常运行温度为90 ℃,且结构简单,外径小,质量轻,载流量大(比聚氯乙烯绝缘的载流量提高10%~15%),使用方便,能在零下15 ℃时进行敷设,敷设高差不受限制等。但它有延燃的缺点,且价格也较贵。

3. 橡皮绝缘电力电缆

橡皮绝缘电力电缆柔软、可挠性好,工作电压等级分0.5、1、3、6 kV等,其中0.5 kV电缆使用最多。如橡皮绝缘聚氯乙烯护套电力电线XV(XLV)适用于室内、电缆沟、隧道及管道中敷设,不能承受机械外力作用;橡皮绝缘钢带铠装聚氯乙烯护套电力电缆 XV_{29}（XLV_{29}）适用于土壤中敷设,能承受一定机械外力作用,但不能承受大的拉力。

4. 油浸纸绝缘电力电缆

油浸纸绝缘电力电缆具有使用寿命长、工作电压等级高(有 1、6、10、35、110 kV等)、热稳定性能好等优点,但制造工艺较复杂。其浸渍剂易滴流而使绝缘及散热能力下降,从而对此类电缆的敷设位差作出限制。现研制出一种不滴流浸渍油浸纸绝缘电力电缆,采用粘度大的特种油料浸渍剂,在规定工作温度以下时不易流淌,其敷设位差可达 200 m,并可用热带地区。但制造工艺更为复杂,价格较贵。

第二节　绝缘材料和电磁材料

一、绝缘材料

不容易导电的材料称为绝缘材料,如瓷体、玻璃、木材、云母等,包括气体绝缘材料、液体绝缘材料、固体绝缘材料,常见的绝缘材料见表 2-4。

表 2-4　　　　　　　　　　　常见的绝缘材料

序号	类别	举例	用途
1	气体绝缘材料	干燥的空气、氟利昂、氢气等	高压电器周围
2	液体绝缘材料	矿物油、漆、合成油等	用作变压器、油开关、电容器、电缆的绝缘、冷却、浸渍和填充
3	固体绝缘材料	环氧树脂、电工用塑料和橡胶、云母制品、陶瓷、玻璃等	线圈导线之间的绝缘、电线电缆绝缘层保护、绝缘手柄、瓷质底座等

二、电磁材料

建筑电工中经常用到一些磁性材料,根据磁性材料是否容易被磁化,磁性材料可以分为软磁材料和永磁材料,常见的磁性材料见表 2-5。

表 2-5　　　　　　　　　　　磁性材料

序号	类别	举例	用途
1	软磁材料	纯铁、铸铁、硅钢片、碳钢、铁镍合金等	容易被磁化,矫顽力低,磁性容易褪去。用于变压器、电机、电磁铁铁芯,传递、转换能量和信息
2	永磁材料	镍钴合金、铁氧体、稀土钴等	容易被磁化,矫顽力高,磁性不容易褪去,用于产生恒定磁场

第三节　电线管、槽

一、金属电线管

1. 电线管

电线管有 KBG（扣压式）、JDG（紧定式）、DG（薄壁管）三种方式，广泛用于建筑物内电气线路的管路敷设，起保护导线正常使用和敷设的作用，但不适用于有酸、碱等腐蚀性的场所使用。

2. 水煤气钢管

水煤气钢管又称水煤气输送钢管或焊接钢管。在电气系统中使用的作用与电线管相同，但因其壁厚比电线管的壁厚要厚些，因此可以用在条件更恶劣的地方。

3. 可挠金属电缆保护套管（普利卡金属套管）

可挠金属电缆保护套管是新型的电工器材，具有绝缘性能好、耐腐蚀性强、易弯曲、抗震性好、切断加工方便、长度不受限制、质量轻、便于搬运等优点。可根据需要定型，弥补了钢管、普通金属软管和 PVC 管在一些施工场合的不足，是电线电缆保护管的优良替换产品，可广泛使用于建筑安装工程、装饰、机电、铁路、石油化工、航空、船舶和交通等行业中。

二、非金属电线管

非金属电线管分为硬质 PVC 阻燃塑料电线管、半硬质 PVC 阻燃塑料电线管、高强冷弯 UPVC 电线管等。凡所使用的阻燃型（PVC）塑料管，其材质均应具有阻燃、耐冲击性能，其氧指数不应低于 27%。阻燃型塑料管外壁有间距不大于 1.0 m 的连续阻燃标记和制造厂厂标，管子内、外壁光滑，管壁厚度均匀一致。所用阻燃型塑料管附件及明配阻燃型塑料制品，如各种灯头盒、开关盒、接线盒、插座盒、端接头、管箍等，必须使用配套的阻燃制品。

1. 硬质 PVC 阻燃塑料电线管

适用于公用建筑物、工厂、住宅等建筑物的电气配管，可浇筑于混凝土内，也可明装于室内及吊顶等场所；适用于室内或有酸、碱等腐蚀介质的场所照明配管敷设安装（不得在 40 ℃以上的场所和易受机械冲击、摩擦等场所敷设）。暗配部分适用于一般民用建筑内的照明配管系统，在混凝土结构内及砖混结构暗配管敷设工程（不得在高温场所和顶棚内敷设）。

2. 半硬质 PVC 阻燃塑料电线管及其配件

必须由阻燃处理的材料制成，只能用于暗配，适用于一般民用建筑内的照明配管系统,在混凝土结构内及砖混结构暗配管敷设工程(不得在高温场所和顶棚内敷设)。

3. 冷弯高强 UPVC 电线管

不受气候影响,性能稳定,具有抗压、抗拉力强,阻燃绝缘性能好等优点,在建筑工程中,无论明敷或暗设均可获得极好的效果。在常温下可手工弯曲,剪切锯割十分方便,零件连接采用粘接。施工方便、快捷、质量轻、防腐蚀、节省金属材料、造价低。

第四节　灯具、开关及插座

一、灯具

1. 灯泡、灯管

常见的灯泡、灯管分为如下几种。

(1)白炽灯(俗称灯泡)。是最常用的电光源之一,属于热辐射式电光源。它由灯头、灯丝、玻璃外壳组成。小功率(40 W 以下)的白炽灯玻璃壳内被抽成真空;为提高使用寿命,大功率的白炽灯玻璃壳内先抽成真空后再充入惰性气体。白炽灯具有价格低廉,使用方便,可频繁开关等优点,但发光强度受电压波动的影响较大。

(2)荧光灯(又称节能灯)。由荧光灯管、固定座、镇流器、灯头组成,其特征在于荧光灯管外面设有与白炽灯相仿的透光灯泡,其上端与灯头的下端相粘接,镇流器装在灯头和固定座封闭的空间里。它能与普通白炽灯泡通用,无污染,工艺简单、成本低廉,而发光效率和工作寿命优于白炽灯泡。

灯管两端各有一灯丝,灯管内充有微量的氩和稀薄的汞蒸气,灯管内壁上涂有荧光粉,两个灯丝之间的气体导电时发出紫外线,使荧光粉发出柔和的可见光。灯管分为普通灯管、T5 灯管、T4 灯管、紫外线灯管、灭蚊灯管、彩色灯管、荧光灯管,根据色温有冷光、暖光之分。灯管具有发光效率高(约为白炽灯的四倍)、使用寿命长、光线柔和、光色好等优点,但是它不宜频繁开关,否则会缩短灯管的使用寿命。

(3)碘钨灯。由灯管和灯架组成,其发光原理与白炽灯相同。为了提高发光效率和延长使用寿命,在灯管内充入了微量元素——碘。碘钨灯具有发光效率高、使用寿命长等优点,但由于它的灯丝比较长,用多个支架支撑着,因此它怕震动,而且使用时还要使灯具水平,以便延长灯管的使用寿命。

(4)高压水银灯。具有发光效率高、亮度高、使用寿命长等优点,属于气体放电电光源,被广泛应用于道路和场院的照明。高压水银灯分镇流器式和自镇式两种。当电源接通后,电压加到主电极与辅助电极之间,产生辉光放电并产生大量的电子和离子,随着主电极放电产生的热量,水银逐渐被气化,灯管就发出可见光和紫外线,紫外线激发玻璃内壁的荧光粉使灯管发光。

（5）高压钠灯。利用高压钠蒸汽放电的原理制成的,其主要工作原理与荧光灯相似。高压钠灯具有发光效率高、体积小、亮度高、使用寿命长和透雾性强等优点,适用于亮度需求较高的场所,如交通干道、广场等处的照明。

2. 灯头、灯口、灯罩

照明灯具包括点光源（灯头）及其附件,附件包括灯口、灯罩、支架、吊线盒、镇流器等。灯头、灯口、灯罩是照明灯具的常规主要组成部分,灯头为灯具的发光部分,灯口为固定灯头的定位部分,灯罩为保护灯头及控制光照范围和方向的部分。

二、开关和插座面板

1. 开关面板

开关的面板采用绝缘塑料产品,材质均匀,表面光洁,具有阻燃性、绝缘性和抗冲击性的特点,采用纯银触点和用银铜复合材料做的导电片,可防止启闭时电弧引起氧化。

扳把开关通常为两个静触点,分别由两个接线桩连接;分为单联单控开关、单联双控开关、单联三控开关、单联四控开关、双联双控开关。

2. 插座面板

插座就是有一个或一个以上电路接线可插入的底座,通过它可插入各种接线,便于与其他电路接通。面板分为普通型和安全型。

安全型插座带有保护门,里面有一块挡板,插头需要抵开挡板才能接触到电源。各型开关、插座应有电工产品合格证,产品上应带有 CCC 标志。

单相两极插座包含一根火线和一根零线,共两根线,插座也只要两极。带保护接地线为单相三极插座。三相插座为包含火线、零线和接地线的四孔插座。

第五节 低压电器和高压电器

一、低压电器

1. 低压电器的分类和用途

用于额定交流电压 1.2 kV 及以下,额定直流电压 2 kV 及以下电路中的电器称低压电器。低压电器的分类和用途见表 2-6,其中断路器、熔断器、刀形开关和转换开关为配电电器,其他为控制电器。

表 2-6   低压电器的分类和用途

名称	主要品种	用途
断路器	塑料外壳、框架、限流、灭磁、直流快速式断路器,带漏电保护器的断路器	不频繁通断电路,过载、短路、欠压保护,漏电保护
熔断器	有填料、无填料、半封闭插入、快速、自复式熔断器	短路保护及过载保护
刀形开关	开关板用、胶盖瓷座、封闭负荷、熔断器式刀形开关	电路隔离,不频繁通断电路,短路保护及过载保护
转换开关	组合开关、换向开关	两种及以上负载或电源的转换和通断
接触器	交流、直流、真空、电子式接触器	频繁通断正常工作的主回路,远距离控制
启动器	全压、星三角减压、自耦减压、变阻、真空启动器,电子式软启动器	电动机的启动、正反转控制,软启动、软停车
继电器	电流、电压、时间、中间、温度、热继电器	用于二次回路,起控制和保护作用
控制器	凸轮、平面、鼓形控制器	转换主回路或励磁回路的接法,以控制电动机的启动、换向和调速
主令电器	按钮、限位、微动、万能转换、脚踏、接近和程序开关	发布控制命令(信号)
电阻器	铁基合金电阻	改变电路参数,变电能为热能
变阻器	励磁、启动和频敏变阻器	电动机的平滑启动和调速,发电机调压
电磁铁	起重、牵引和制动电磁铁	起重、操纵或牵引机械装置

2. 常用低压电器

(1)熔断器。

熔断器是当电流超过规定值一定时间后,能以其本身产生的热量使熔体熔化而分断电路的电器,广泛用于短路保护及过载保护,俗称的"保险丝""保险片"或"保险管"都是熔断器。熔断器由熔体(熔丝或熔片)和安装熔体的装置组成,熔体用熔点较低的金属(如铅、锡、锌、铜、银、铝)或它们的合金制成。

熔断器的原理是电流的热效应,流过熔体的正常工作电流产生的热量不足以使熔体熔断,过载电流产生的热量使熔体在一定时间内(如几秒钟至几分钟内)熔断,短路电流一般很大,能使熔体很快熔断。

熔断器广泛用于电气设备的短路保护,在要求不高的场合也可以用于过载保护。常用的熔断器有瓷插式熔断器、无填料管式熔断器、有填料熔断器、快速熔断器等。

1)瓷插式熔断器。

瓷插式熔断器由瓷座、瓷盖(插件)、触头和熔丝组成,熔线装在瓷盖上,如图 2-1 所示。这种熔断器体积小、价格低、使用方便,但由于灭弧能力差,分断电流的能力较低,并且所用熔丝的熔化特性不很稳定,故只适用于负载不大的照明线路和小功率(7.5 kW 以下)电动机的短路保护,要求不高时也可以作过载保护。

2)无填料管式熔断器。

采用变截面锌片做熔体,熔体装在用钢纸制作的密封绝缘管内,绝缘管直接插在安装底座上,如图 2-2 所示。无填料管式熔断器经过几次分断动作之后,其绝缘管内壁变薄,灭弧效率和机械强度降低,为了使用安全,一般分断三次之后就应该换管。这种熔断器的灭弧能力强,分断能力高,适用于一般场合的短路保护和过载保护。

图 2-1 瓷插式熔断器

1—动触头;2—熔丝;3—静触头
4—瓷盖;5—瓷座

图 2-2 无填料管式熔断器

1—底板;2—刀座;3—熔管;4—熔体

3)有填料熔断器。

有填料熔断器分螺旋式和管式两种。螺旋式有填料熔断器由瓷座、螺旋式瓷帽和熔管组成,熔管是内装熔体的瓷管,熔体的周围填满了石英砂,用来分散和冷却电弧,如图 2-3 所示。管式有填料熔断器呈圆管形或方管形,两端有刀形接触片,管体由陶瓷制成,内装熔体,熔体周围填满了石英砂。当熔体熔断时,这两种

图 2-3 有填料螺旋式熔断器

1—磁帽;2—金属管;3—色片;4—熔丝管;
5—磁套;6—上接线端;7—底座;8—下接线端

熔断器熔管一端的红色指示片变色脱落,给判断熔体是否熔断带来了方便。填料的使用提高了熔断器的保护性能,但由于熔管是一次性使用,故成本较高。有填料熔断器主要用于要求较高、短路电流很大场合的短路保护和过载保护。

4)快速熔断器。

快速熔断器最大特点是熔体用银制成,熔体的熔断时间很短,并且有显著的限流能力(在短路电流未达到最大值之前就能把电流切断)。快速熔断器用于需要特殊保护的场合,例如用于硅整流器件及其成套装置的短路和过载保护。硅整流器件(硅二极管、晶闸管)的过载能力很差,不能采用一般熔断器,必须采用快速熔断器保护。快速熔断器也有螺旋式和管式两种,其结构与对应的上述有填料熔断器相似。

(2)隔离开关。

隔离开关是一种有明显断口,只能用来切断电压而不能用来切断电流的电力开关。隔离开关没有灭弧装置,故不能用来切断电流,仅限于用来通断有电压而无负载的线路,或断开很小的电流。隔离开关常用于高压电路,如安装在变电室,用来切断电压互感器、较小容量的空载变压器等,使检修工作安全、方便。隔离开关也用于低压电路,如安装在配电箱和开关箱内,作为电源隔离开关。

常见的隔离开关是刀形开关。刀开关有的有灭弧装置,有的没有灭弧装置,没有灭弧装置者仅用作隔离开关,有灭弧装置者还能用于不频繁通断小电流的线路或设备。

(3)负荷开关。

从电源吸收功率的用电设备称负载或负荷。负荷开关是能用于切断正常的负载电流,但不能用于切断短路电流的电力开关。负荷开关有灭弧装置,灭弧能力较好但不是很强,如强行用于切断短路电流将造成电弧不能熄灭、电路不能切断、开关烧毁、人体烧伤等恶果。负荷开关内置熔断器,兼有短路保护和过载保护的作用。常用的负荷开关有开启式负荷开关和封闭式负荷开关。

1)开启式负荷开关。

开启式负荷开关习惯上称胶盖开关,构造如图 2-4 所示,由瓷质手柄和底板、触刀、刀座、熔丝、上下胶盖等组成,比上述刀开关多了熔丝,是刀开关和熔断器合二为一的产品。

图 2-4　开启式负荷开关

1—刀座;2—刀片;3—熔丝;4—出线端;
5—胶盖挂钩;6—上下胶盖;7—瓷质手柄

胶盖有安全防护作用,有隔离电极和灭弧的作用。开启式负荷开关用在要求不高的场合,用于隔离电源、不频繁通断负载、短路保护及过载保护。

2)封闭式负荷开关。

封闭式负荷开关也称铁壳开关,构造如图 2-5 所示,主要由刀开关、灭弧罩、熔断器、操作机构和防护外壳组成,熔断器是瓷插式或管式。和胶盖开关相比,铁壳开关增加了防护铁壳和操作机构,从而提高了安全性。铁壳有防溅、防尘、防用电人员直接触摸开关等作用;操作机构有弹簧储能装置,使合闸可靠,分闸迅速而有利于灭弧,铁壳开关的分闸速度是由弹簧储能装置决定的,与手的操作速度无关;操作机构还有机械连锁装置,使盖子打开时合不上闸、合上闸时盖子打不开而有利于使用安全。和开启式负荷开关类似,封闭式负荷开关用于隔离电源、不频繁通断负载、短路保护及过载保护,但整体性能比开启式负荷开关好。

(4)断路器。

断路器是既能接通和分断正常负载电流,也能分断短路故障电流,并有多种保护作用的电力开关。断路器曾称自动开关或自动空气开关,是电力开关的后起之秀。

断路器可分为电磁式和电子式。常见的电磁式断路器主要由塑料外壳、电热元件、电磁机构、脱扣机构、弹簧储能操作机构、栅片灭弧装置等组成,外形如图 2-6 所示。图 2-6(a)为三相断路器,开关键向上为开(接通电源),键的下方显示英文 ON(开);开关键向下为关(切断电源),键的上方显示英文 OFF(关)。图 2-6(b)为带漏电保护器的单相小型断路器,同样,开关键向上为开、向下为关,右上角有英文 T(Test)标记的按钮为漏电保护器的试验按钮。

图 2-5　封闭式负荷开关

1—铁壳;2—灭弧罩;3—触点座;4—刀片;
5—连锁操作机构;6—手柄;7—熔断器座;
8—熔断器;9—保护接零(地)接线端子

图 2-6　低压断路器的外形

(a)三相断路器;
(b)带漏电保护器的单相小型断路器

电子式断路器在电磁式断路器基础上,采用了集成电路进行控制,性能好但价格很高,适用于要求较高的场合。

和上述隔离开关、负荷开关相比较,断路器有以下特点:①构造和原理有很大不同;②没有熔断器,实现了无熔丝保护;③保护功能多而且保护的可靠性大大提高,有过载保护、短路保护、欠压保护、失压保护等保护作用;④有的还内置漏电保护器,具有漏电保护作用;⑤封闭式结构,防护性好,使用安全;⑥装有励磁脱扣器的断路器能接受外部控制信号实现远程控制;⑦结构复杂,价格较高。

(5)自动转换开关(ATS)。

自动转换开关(ATS)用于双回路电源或应急电源(EPS)的自动切换,即一路电源发生故障时,ATS自动把负载转换至另一路电源。ATS为组合电器,由断路器(2个)、操作电动机、控制电路、机械装置等组成,转换时间1~2秒。

(6)接触器。

接触器是用作频繁接通和断开主回路(电源回路)的电器。车床、卷扬机、混凝土搅拌机等设备的控制属于频繁控制,配电箱、开关箱中电源的控制属于不频繁控制。接触器由电磁机构、触头系统、灭弧装置和其他部分组成,其外形和构造分别如图2-7(a)和图2-7(b)所示。

(a) 　　　　　 (b)

图 2-7　接触器的外形和构造

1—吸引线圈;2—铁芯;3—衔铁;4—常开辅助触头;

5—常闭辅助触头;6—主触头;7—恢复弹簧

直流接触器的工作原理与交流接触器相同,但结构上稍有不同。

和电力开关的功能相比,接触器主要用于主回路的频繁控制、远距离控制和自动控制,没有保护作用;电力开关主要用于电源的不频繁控制、手动控制,通常兼有多种保护作用,如过载保护、短路保护等。

(7)传感器。

传感器是把非电量转换为电量的装置。例如,传感器能把火灾产生的高温信号、光信号、烟雾信号等非电量转换为电信号,能把振动、压力、位移、速度、加速度、转速、特殊气体、混凝土强度、混凝土缺陷等非电量转换为电信号。传感器在自动控制和非电量测量领域应用广泛。

常见的传感器有电阻式、电感式、电容式、光电式、热电式、磁敏元件式、压电式、超声波式等,其基本原理是输出的电量随输入的非电量改变而改变。例如,电阻式传感器的阻值随环境温度或受到的拉力改变而改变,光电式传感器输出的电压随光线强弱或烟雾浓淡的改变而改变。

(8)继电器。

在电路中起控制信号中继(传递、中转)作用的电器称继电器。继电器的工作过程:当继电器的输入量(电量或非电量)达到一定值时,继电器输出控制信号,控制信号一般是开关量,即触头动作;控制信号传递给控制电路或保护电路中的执行电器(如接触器、自动开关),方法是将继电器的触头串联在接触器或自动开关的控制线圈中;执行电器去控制电气设备。继电器常用于电气设备的自动控制和保护电路中,也用于电子电路中。

继电器和接触器的相同点是二者都有电磁机构和触头系统,触头的动作原理相同。继电器和接触器的不同点:一是接触器能用于直接控制主电路,而继电器触头只能断开很小的电流,一般不能直接用于控制主电路,常串联在接触器或自动开关的控制线圈中使用;二是接触器的输入量是电量,而继电器的输入量可以是电量也可以是非电量。输入量是电量的继电器有电压继电器、电流继电器等;输入量是非电量的继电器必须内置传感器,将非电量转换为电量,这类继电器有热继电器、气体继电器、压力继电器等;三是接触器的触头是双断点触头(能形成两个断点),而继电器的触头是单断点触头。

另外,延时继电器是指收到输入的控制信号后并不马上动作,而是延迟一定时间再动作的继电器,如用于电动机过载保护的热继电器应有延时功能。

二、高压电器

用于额定交流电压 3 kV 及以上电路中的电器称高压电器,高压电器用在配电变压器的高压侧,常见的高压电器有高压隔离开关、高压熔断器、高压负荷开关、高压断路器等。

高压电器和对应低压电器的功能是类似的,如高压负荷开关和低压负荷开关的功能都是用于接通切断正常的负载电流,而不能用于切断短路电流,但高压电器承受的电压要高得多,故二者在结构、原理上有较大差别。

1. 高压隔离开关

高压隔离开关是一种有明显断口,只能用来切断电压不能用来切断电流的刀开关。隔离开关没有灭弧装置,故不能用来切断电流,仅限于用来通断有电压而无负载的线路,或通断较小的电流,如电压互感器及有限容量的空载变压器,以利检修工作的安全、方便。有的隔离开关带接地刀闸,开关分离后,接地刀闸将回路可能存在的残余电荷或杂散电流导入大地,以保障人身安全。

2. 高压熔断器

高压熔断器用于小功率配电变压器的短路、过载保护,分为户内式、户外式;固定式、自动跌落式。有的有限流作用,限流式熔断器能在短路电流未达到最大值之前将电弧熄灭。

跌落式熔断器比较常用,它利用熔丝本身的机械拉力,将熔体管上的活动关节(动触头)锁紧,以保持合闸状态。熔丝熔断时在熔体管内产生电弧,管内壁在电弧的作用下产生大量高压气体,将电弧喷出、拉长而熄灭。熔丝熔断后,拉力消失,熔体管自动跌落。

有的跌落式熔断器有自动重合闸功能,它有两只熔管,一只常用,一只备用。当常用管熔断跌落后,备用管在重合机构的作用下自动合上。跌落式熔断器熔断时会喷出大量的游离气体,同时能发生爆炸声响,故只能用于户外。跌落式熔断器的熔管能直接用高压绝缘钩棒(俗称零克棒)分合,故它可以兼作隔离开关使用。

3. 高压负荷开关

高压负荷开关用于通断负载电流,但由于灭弧能力不强,不能用于断开短路电流。高压负荷开关按灭弧方式的不同分为固体产气式、压气式和油浸式。负荷开关由导电系统、灭弧装置、绝缘子、底架、操作机构组成,有的和熔断器合为一体,同时采用负荷开关和熔断器可以代替断路器。

4. 高压断路器

断路器除了具有负荷开关的功能外,还能自动切断短路电流,有的还能自动重合闸,起到了控制和保护两个方面的作用,它分为油式、空气式、真空式、六氟化硫式、磁吹式和固体产气式。过去,油断路器(油开关)的使用最为广泛,现在越来越多地使用真空式和六氟化硫(SF)式。

5. 操作机构

操作机构又称操动机构,是操作断路器、负荷开关等分、合时所使用的驱动机构,它常与被操作的高压电器组合在一起。操作机构按操作动力分为手动式、电磁式、电动机式、弹簧式、液压式、气动式及合重锤式,其中电磁式、电动机式等需要交流电源或直流电源。

第六节　架空线路材料

一、电杆

电杆是用来架设导线的,因此电杆应具有足够的机械强度;同时应具备造价低、使用寿命长等特点。

电杆按其材质分,有木电杆、钢筋混凝土电杆和铁塔三种。木电杆施工方便、价格便宜,强度也够,但使用年限短,易腐烂,且木材供应紧张,所以现在一般很少用。铁塔一般使用在线路的特殊位置。目前架空电力线路应用最广的是钢筋混凝土电杆。钢筋混凝土电杆是用水泥、砂、石和钢筋浇制而成,它的主要特点是能节约大量木材和钢材,坚实耐久,使用寿命长,维护工作量少。但钢筋混凝土电杆易产生裂纹,很笨重,运输和施工不方便,特别是山区和地形复杂地区这一问题更突出。

电杆在线路中所处的位置不同,它的作用和受力情况就不同,杆子的结构情况也不同。按其在线路中的作用,我们一般把电杆分为直线杆、耐张杆、转角杆、终端杆、分支杆、跨越杆等六类,如图2-8所示。

图 2-8 各种电杆的特征

(1)直线杆(又叫中间杆)。位于线路的直线段上,仅作支持导线、绝缘子和金具用。在正常情况下只承受导线的垂直荷重和风吹导线的水平荷重以及冬天覆冰荷重,而不能承受顺线路方向的导线拉力。当发生一侧导线断线时,它就可能向另一侧倾斜,在架空线路中直线杆数量最多,约占全部电杆数的80%以上。

(2)耐张杆。位于线路直线段上的几个直线杆之间,它机械强度大,能够承受电杆两侧不平衡拉力而不致倾倒。在线路正常运行时,耐张杆所承受的荷重与直线杆相同,但在一侧导线断线时,它可承受另一侧导线的拉力。所以耐张杆上的导线一般用悬式绝缘子串加耐张线夹或蝶式绝缘子固定。

架空电力线路在运行中有时可能发生断线事故,此时会造成电杆两侧受导线拉力不平衡,导致线路成批电杆倒杆事故,为了防止事故范围的扩大,减少倒杆数量,为此在架空电力线路中,每隔一定距离都要设置一基耐张电杆,两个耐张电杆之间的距离一般在1~2 km左右。

(3)转角杆。位于线路改变方向的地方。这种电杆可能是耐张型的,也可能是加装措施的直线型的,视转角大小而定。它能承受两侧导线的合力而不致倾倒。

(4)终端杆。位于线路的首端与终端。在正常情况下,能承受线路方向的全部导线拉力。

(5)分支杆。它位于线路的分路处。有直线分支杆和转角分支杆。在主干线上多为直线型和耐张型,尽量避免在转角杆上分支;对分支线路讲,分支杆相当于终端杆,要求能承受分支线路导线的全部拉力。

(6)跨越杆。当架空线路与公路、铁路、河流、架空管道、通信线路、其他电力线路等交叉时,必须满足规范规定的交叉跨越要求,以保证运行安全。一般直线电杆较低,大多不能满足要求,这就要加高电杆的高度和机械强度,保证导线足够的高度,保证导线与公路、铁路、河道及各种架空管线足够的安全距离。这种用作跨越公路、铁路、河流及各种管线的电杆叫跨越杆。跨越杆可以用铁塔,也也可以用加高加强的钢筋混凝土杆,视地形环境及要求而定。

二、绝缘子

绝缘子俗称瓷瓶,是用来固定导线并使导线与导线间、导线与横担、导线与电杆间保持绝缘;同时也承受导线的垂直荷重和水平荷重。因此,要求绝缘子必须具有良好的绝缘性能和足够的机械强度。

绝缘子按工作电压等级分有低压绝缘子和高压绝缘子两种。按外形分有针式绝缘子、蝶式绝缘子、悬式绝缘子和拉线用的棱形式蛋形拉线绝缘子。常用的绝缘子外形如图 2-9 所示。

①高压　　②低压　　①高压　　②低压
(a)　　　　　　　　　　(b)

(c)　　　　　　　　　　(d)

图 2-9　常用绝缘子外形

(a)针式瓷绝缘子;(b)蝴蝶形瓷绝缘子;(c)悬式瓷绝缘子;(d)拉紧绝缘子

三、金具

架空线路中所用的抱箍、线夹、钳接管、垫铁、穿心螺栓、花篮螺丝、球头挂环、直角挂板和碗头挂板等统称为金具。它是用来固定横担、绝缘子、拉线和导线的各种金属连接件。金具品种较多，一般可分为以下几类。

1.连接金具

这类金具是用来连接导线与绝缘子或绝缘子与杆塔横担的，因此要求它具有连接可靠、转动灵活、机械强度高、抗腐蚀性能好和施工维护方便等性能。属这类金具的有耐张线夹、碗头挂板、球头挂环、直角挂板、U形挂环等。外形如图 2-10 所示。

2.接续金具

这类金具用于接续断头导线。要求其能承受一定的工作拉力，有可靠的工作接触面，有足够的机械强度。属这类金具的有铝压接管和在耐张杆上连通导线的并沟线夹等。

3.拉线金具

这类金具用于拉线的连接和承受拉力之用。属这类金具的有楔形线夹、UT形线夹、钢线卡子、花篮螺丝等。外形如图 2-11 所示。

图 2-10　常用连接金具
(a)碗头挂板；(b)球头挂环；(c)U形挂环；
(d)耐张线夹；(e)平行挂板；(f)直角挂板

图 2-11　常用拉线金具
(a)楔形线夹；(b)花篮螺丝；
(c)UT形线夹；(d)钢线卡子

四、拉线

架空线路中终端电杆、转角电杆、分支电杆和耐张电杆等电杆在架线以后，会发生受力不平衡现象，为了使电杆能稳固，常用拉线来帮助实现。有时，因电杆的埋设基础不牢固，不能维持电杆的稳固，也使用拉线来补强。还有因荷重超过电杆的安全强度，利用拉线来减小其弯曲力矩。拉线在架空配电线路中用得很多，按其用途和结构不同，拉线分成以下几种类型。

（1）尽头拉线（又叫普通拉线）。用于终端杆和分支杆。

（2）转角拉线。用于转角杆。

（3）人字拉线。用于基础不坚固和交叉跨越加高杆及较长的耐张段中间的直线杆上。

（4）高桩拉线（又叫水平拉线）。用于跨越杆。

（5）自身拉线。用于受地形限制，不能采用一般拉线处。上述几种拉线形式如图 2-12 所示。

图 2-12 拉线的种类

（a)尽头拉线；(b)转角拉线；(c)人字拉线；(d)高桩拉线；(e)自身拉线

五、横担

横担装在电杆的上端，用来安装绝缘子或者固定开关设备及避雷器等。因此，应具有一定的长度和机械强度。

横担按使用的材质分，有木横担、铁横担和陶瓷横担三种。木横担因易腐烂，使用年限短，现在已很少使用；铁横担是用角钢制成的，因其坚固耐用，所以目前应用最广，但需注意，在安装前均须镀锌，以防生锈；陶瓷横担又称瓷横担绝缘子，它同时起到横担和绝缘子两者的作用。陶瓷横担具有较高的绝缘水平，而且在线路导线发生断线故障时,能自动转动,不致因一处断线而扩大事故,并能节约木材、钢材,降低线路造价等特点。陶瓷横担由我国发明并首先在架空线路上使用,受到国际电力行业高度好评,并采用推广。瓷横担绝缘子的外形如图2-13所示。陶瓷横担在施工安装过程中,需注意防止冲击碰撞,以免瓷横担绝缘子破碎损坏。

图 2-13 · 陶瓷横担示意图

　　横担的安装形式有复合横担、正横担、交叉横担、侧横担等。复合横担用于线路的首端、终端和耐张杆上,它能承受线路方向导线的拉力;正横担用于线路的直线杆或转角角度不大的转角杆上,在正常情况下,不承受导线的拉力;交叉横担用于线路分支杆上,承受分支线路导线的拉力;侧横担用于电杆与建筑物的距离小于规定值时。

第三章　继电保护装置

第一节　继电保护装置的任务

由于自然条件、制造质量、运行维护等诸多方面的因素,配电系统各组成部分(发电机、变压器、母线、输电线路、电容器、电动机、电抗器等)在运行时发生各类故障和异常运行工况,是不可避免的。以往广泛使用的熔断器、热继电器、自动开关、漏电开关、断相继电器等元器件,只能用于低压配电系统,用来监视被保护部分的运行状态,通过负荷电流流过的情况,在故障发生时动作;对于高压系统,使用这种过于简单的保护,不能对系统的运行状况和运行故障进行完全的监视和保护。目前电力系统采用的继电保护装置,能完全反映系统的工作情况,能快速、准确、可靠、有选择地对系统工作状况作出正确的判断和反应,作用于信号装置,作用于断路器的掉闸。

一、电气故障

配电系统各元件都有它的额定参数(额定电流、电压、功率等),当短路或异常工况出现时,运行参数就会偏离额定值,显著的变化就是电流剧增或电压锐减,也有正常时没有出现或很少出现,而故障状态出现的很大的电气量,如负序或零序电流、电压和功率。根据这些参量和物理量,对配电系统的电气故障进行划分,电气故障大体分为以下几类。

(1)短路故障。短路故障是各类故障中破坏性最强、危害性最大的电气故障,从力和热等方面损坏电气设备。它包括三相短路、二相短路、单相短路和短路过电流故障等。故障的形式出现在供电线路、变压器、电动机、电气照明及其他用电设备供电中。短路电流的大小由供电电压、供电设备容量、短路阻抗决定。越靠近电源侧,短路阻抗越小,短路电流越大。三相短路电流要比二相短路电流大,二相短路电流要比单相短路电流大。

(2)接地故障。接地故障是各类故障中较常见的故障,当接地故障出现时将产生零序电流,它将破坏供电的稳定性和对称性。接地故障包括单相接地、两相两点接地和三相短路接地等形式。

(3)电压故障。电压故障是供电极不稳定的一种故障形式。低电压故障,一般出现的较多,而且呈现的时间较长,多为伴随着短路故障的出现电压锐减。过电压故障有外部过电压和内部过电压两种。

(4)过负荷故障。过负荷故障一般出现在设备运行中,此故障电流要比短路故障电流小得多,短时间内线路、设备都能承受,不会造成破坏,但长时间运行,能加速设备绝缘的老化,破坏设备的绝缘性能,以至造成绝缘的热烧损故障。

二、继电保护的任务

(1)正常运行时,继电保护通过高电压、大电流的变换元件接入电路,进行信号处理,监视发电、变电、输电、配电、用电等各环节的正常运行状态。

(2)当配电系统存在异常运行状态时,继电保护应灵敏反应、可靠动作,瞬时或延时发出预告信号,根据运行维护的具体条件和设备的承受能力,减负荷或延时跳闸,提示值班员尽快处理。异常运行状态包括中性点不接地系统的单相接地故障,变压器的油面下降、温度升高、轻瓦斯动作、过负荷,电动机的温度升高、过负荷,电力系统振荡,非同期运行等运行状况。

(3)当配电系统发生各种故障时,继电保护将故障元件从系统中快速、准确、自动切除,使其损坏程度减至最轻,防止事故扩大,确保非故障部分继续运行。各种故障包括系统发生单相接地短路、两相短路、三相短路;设备线圈内部发生匝间短路、层间短路等。

(4)依据实际情况,尽快恢复停电部分的供电。故障切除后,被切部分尽快投入运行。有条件可借助继电保护的自动重合闸、备用电源自动投入和按周波自动减载方式工作,缩小故障停电面。

(5)继电保护装置可实现供电系统的自动化和远动化。它包括遥控、遥测、遥调、遥信。

第二节　继电保护装置的检验要求

一、继电保护装置检验的种类

正确对继电保护装置进行检验,是保证电力系统顺利投入、安全运行的必要过程。对继电保护装置进行检验分为三种。

(1)新安装设备的交接检验。它包括继电器特性试验和整定试验,跳合闸的整组动作试验及传动试验的全部工作。由此建立起最原始的继电保护资料供以后运行参考。

(2)运行中设备的定期检验。可以每两年进行一次定期检验,对继电保护装置进行全部检查、复查、审核继电保护的定值检验工作,并进行传动试验。

(3)运行中设备的补充检验。遇有情况可对继电保护装置进行随时地检查、复查、更改、变动等。

二、继电保护装置检验的安全事项

(1)在全部或部分带电的盘柜上进行检验时,应将检修的设备、带电与不带电的设备明显区分隔离开并设立标志。

(2)继电保护在通电试验时要通知所有现场工作人员,并挂牌设立带电区方可进行通电。

(3)所有电流互感器、电压互感器的二次线圈应有永久性的、可靠的接地(保护接地)。

(4)当需要在带电的电流互感器二次回路上工作时,应采取以下安全措施。

1)严禁将电流互感器二次侧开路。

2)短路电流互感器二次线圈时,必须使用短路片或截面积不小于 $2.5~mm^2$ 的铜线进行短路,短接要可靠,严禁缠绕。

3)严禁在电流互感器二次线圈与短路端子间的二次回路上进行工作。

4)工作必须认真谨慎,不得将回路的永久接地点断开。

5)工作时必须使用绝缘安全工具,并站在绝缘垫上,而且有专人监护。

(5)当需要在带电的电压互感器二次回路上工作时,应采取以下安全措施。

1)严禁将电压互感器二次线圈短路,必要时可在工作开始前停用有关保护装置。

2)应用绝缘工具,戴手套。

3)当需接上临时负载时,必须装设专用闸刀和熔断器。

4)带电检验工作时,必须有二人以上进行作业,应符合电工作业规定。

5)检验继电保护工作期间,不准任何人进行任何倒闸操作。

6)检验试验的作业点,应尽量保持整洁,试验时将不必要的工具和仪器设备搬离作业点,以免由于混乱造成不必要的事故。

三、试验前的准备工作

(1)试验前应准备好调试方案、图纸、整定值、厂家产品说明书及试验成绩单、检验等试验资料。

(2)试验前应准备好试验仪器、试验设备、标准表、连接导线、工具、记录表格及备用零件等。

(3)试验前确认被检保护装置的状态和位置,以免检验出现错误,将整定值整错,也将避免误操作发生。

(4)试验前检验人员应按规章办理必要的工作许可手续,在值班员做好安全防护措施后,再开始进行检验工作。

第三节 继电器的一般性检验

在电力系统中,配电系统的继电保护相对比较简单,有关常用继电器检验的具有共性的内容如下。

一、外部检查

交接检验时应达到的要求如下。

(1)继电器外壳应清洁无灰尘。

(2)外壳玻璃要完整,嵌接要良好。

(3)外壳应紧密的固定在底座上,封闭应良好,安装应端正。

(4)继电器端子接线应牢固可靠。

二、内部机械部分的检查

交接检验时应达到的要求如下。

(1)继电器内部应清洁、无灰尘和无油污。

(2)筒式感应继电器转动部分应灵活,筒与磁极间应清洁,无铁屑等异物。

(3)继电器的可转动部分应动作灵活,轴的纵向、横向活动范围适当、无卡涩和松动。

(4)继电器内部焊接点应牢固无虚焊和脱焊,螺丝无松动,各部件安装完好。

(5)整定把手能可靠地固定在整定位置,整定螺丝插头与整定孔的接触应良好。

(6)弹簧应无变形,弹簧由始位拉伸到最大时层间距离要均匀。

(7)触点的固定要牢固,常开触点闭合后要有足够的压力,其接触后有明显的共同行程,常闭触点闭合要紧密可靠,有足够的压力。动、静触点接触时应中心相对。

(8)清洁和修理触点时,禁止使用砂纸、锉刀等粗糙器件,烧焦处可以用油石或银粉纸打磨并用麂皮或绸布擦净。

(9)继电器的轴和轴承除有特殊要求外,禁止注任何润滑油。

(10)检查各种电磁式时间继电器的钟表机构,其可动系统在前进和后退过程中动作应灵活,其触点闭合要可靠。

(11)要注意带电体与外壳的距离应满足需要,防止相碰。

三、绝缘检查

交接检验时应达到的要求如下。

(1)一律用 1000 V 兆欧表测试绝缘电阻,其值不应小于 1 MΩ。

（2）经解体的继电器新装后用 1000 mΩ 摇表测绝缘,有如下要求。

1）全部端子对底座绝缘电阻不应小于 50 mΩ。

2）各线圈对触点及触点间的绝缘电阻不应小于 50 mΩ。

3）各线圈间的绝缘电阻不应小于 10 mΩ。

（3）耐压试验新安装和经解体检修后的继电器,进行 1 分钟 50 赫兹的交流耐压试验,所加电压根据各继电器技术数据要求规定而定。无耐压试验设备时,允许用 2500 V 摇表测绝缘电阻来代替 1 分钟 50 赫兹的交流耐压试验,所测的绝缘电阻不应小于 10 mΩ。

对于半导体、集成电路或电子元器件的继电器在做绝缘测试或耐压试验时要慎重,根据继电器的具体接线,把不能承受高电压的元件从回路中断开或将其对地短路,防止损坏继电器。

四、触点工作可靠性检验

检查时仔细观察继电器接点的动作情况,对于抖动接触不良的继电器触点要进行调整处理,调整后的继电器触点应无抖动、粘住或接触不良。

五、试验数据的记录

（1）带有铁质外壳的继电器,盖上铁壳后再记取试验数据。

（2）整定点动作值测定应重复三次,每次测量值与整定值误差都不应超出所规定的误差范围。

（3）做电流冲击试验时,冲击电流值用保护的最大短路电流进行冲击试验;做电压冲击试验时,冲击电压值用 1.1 倍额定电压值进行冲击试验。

（4）如果试验电源频率对某些继电器的特性有影响时,在记录中应注明试验时的电源频率。

六、重复检查

继电器调整整定完毕后,应再次仔细检查所有的部件、端子是否正确恢复;整定把手位置是否与整定值相符;试验项目是否齐全;继电器封装的严密性、信号牌的动作复归是否正确灵活。重复检查后加铅封。

七、误差、离散值和变差的计算方法

（1）误差（%）＝（实测值－整定值）/整定值×100%

（2）离散值（%）＝（与平均值相差最大的数值－平均值）/平均值×100%

（3）变差（%）＝（五次试验中最大值－五次试验中最小值）/五次试验中最小值×100%

第四章　变配电设备安装工程

第一节　配电箱和开关箱安装

一、配电形式

配电箱和开关箱统称为电箱,它们是接受外来电源并向各用电设备分配电力的装置。

配电系统必须做到"三级配电,二级保护",这是一个总的配电系统设置原则。

"三级配电,二级保护"主要包含以下几方面的要求。

(1)配电箱、开关箱要按照"总—分—开"的顺序作分级设置。在现场内应设总配电箱(或配电室),总配电箱下设分配电箱,分配电箱下设开关箱,开关箱控制用电设备,形成"三级配电"。

(2)根据现场情况,在总配电箱处设置分路漏电保护器,或在分配电箱处设置漏电保护器,作为初级漏电保护,在开关箱处设置末级漏电保护器,这样就形成了线路和设备的"二级漏电保护"。

(3)现场所有的用电设备都要有其专用的开关箱,做到"一机、一箱、一闸、一漏";对于同一种设备构成的设备组,在比较集中的情况下可使用集成开关箱,在一个开关箱内每一个用电设备的配电线路和电气保护装置作分路设置,保证"一机、一闸、一漏"的要求。

1. 配电箱与开关箱的设置原则

如前所述,配电箱和开关箱的设置原则,就是"三级配电,二级保护"和"一机、一箱、一闸、一漏"。实际使用中,可根据实际情况,增加分配电箱的级数以及在分配电箱中增设漏电保护器,形成三级以上配电和二级以上保护。图4-1为典型的三级配电结构图。

出于安全照明的考虑,现场照明的配电应与动力配电分开而自成独立的配电系统,这样就不会因动力配电的故障而影响到现场照明。

2. 配电箱与开关箱的设置点选择和环境的要求

(1)位置的选择规定如下。

1)总配电箱应设在靠近电源处;分配电箱应设在用电负荷或设备相对集中地区,分配电箱与各用电设备的开关箱之间的距离不得超过 30 m。

2)开关箱应设在所控制的用电设备周围便于操作的地方,与其控制的固定

图 4-1 三级配电结构图

式用电设备水平距离不宜过近,防止用电设备的振动给开关箱造成不良影响,也不宜过远,便于发生故障时能及时处理,一般控制在不超过 3 m 为宜。

3)配电箱、开关箱周围应有足够二人同时工作的空间和通道,箱前不得堆物、不得有灌木与杂草妨碍工作。

4)固定式配电箱、开关箱的下底与地面的垂直距离宜大于 1.3 m,小于 1.5 m。移动式分配电箱、开关箱的下底与地面的垂直距离宜大于 0.6 m,小于 1.5 m,并且移动式电箱应安装在固定的金属支架上。

(2)环境的要求如下:

1)配电箱、开关箱应装设在干燥、通风及常温的场所,并尽量做到防雨、防尘;

2)不得装设在对电箱有损伤作用的瓦斯、蒸汽、烟气、液体、热源及其他有害物质的恶劣环境;

3)电箱应避免外力撞击、坠落物及强烈振动,可在其上方搭设简易防护棚;

4)不得装设在有液体飞溅和受到浸湿及有热源烘烤的场所。

3. 配电箱、开关箱装设的安全技术要求

(1)配电箱、开关箱的材质要求如下:

1)配电箱、开关箱应采用铁板或优质绝缘材料制作,铁板的厚度应大于 1.5 mm,当箱体宽度超过 500 mm 时应做双开门;

2)配电箱、开关箱的金属外壳构件应经过防腐、防锈处理,同时应经得起在正常使用条件下可能遇到潮湿的影响;

3)电箱内的电器安装板应采用金属的或非木质的绝缘材料;

4)不宜采用木质材料制作配电箱、开关箱,因为木质电箱易腐蚀、受潮而导致绝缘性能下降,而且机械强度差,不耐冲击,使用寿命短,另外铁质电箱便于整体保护接零。

(2)电箱内电器元件的安装要求如下。

电箱及其内部的电器元件必须是通过国家强制性产品认证(3C认证)的产品。电箱内电器元件的安装要求如下:

1)电箱内所有的电气元件必须是合格品,不得使用不合格的、损坏的、功能不齐全的或假冒伪劣的产品;

2)电箱内所有电器元件必须先安装在电器安装板上,再整体固定在电箱内,电器元件应安装牢固、端正,不得有任何松动、歪斜;

3)电器元件之间的距离及其与箱体之间的距离应符合表4-1的规定;

表4-1 电器元件排列间距

		最小间距/mm	
仪表侧面之间或侧面与盘边		60以上	
仪表顶面或出线孔与盘边		50以上	
闸具侧面之间或侧面与盘边		30以上	
插入式熔断器顶面或底面与出线孔	插入式熔断器规格	10~15 A	20以上
		20~30 A	30以上
		60 A	50以上
仪表、胶盖闸顶面或底面与出线孔	导线截面/mm²	10 mm²及以上	80
		16~25 mm²	100

4)电箱内不同极性的裸露带电导体之间以及它们与外壳之间的电气间隙和爬电距离应不小于表4-2的规定;

表4-2 电气间隙和爬电距离

额定绝缘电压	电气间隙/mm		爬电距离/mm	
	≤63A	>63A	≤63A	>63A
$U_i \leqslant 60$	3	5	3	5
$60 < U_i \leqslant 300$	5	6	6	8
$300 < U_i \leqslant 600$	8	10	10	12

5)电箱内的电器元件安装常规是左大右小,大容量的开关电器、熔断器布置在左边,小容量的开关电器、熔断器布置在右边;

6)电箱内的金属安装板、所有电器元件在正常情况下不带电的金属底座或外壳、插座的接地端子,均应与电箱箱体一起做可靠的保护接零,保护零线必须采用黄绿双色线,并通过专用接线端子连接,与工作零线相区别。

(3)配电箱、开关箱导线进出口处的要求如下:

1)配电箱、开关箱电源的进出规则是下进下出,不能设在顶面、后面或侧面,更不能从箱门缝隙中引进或引出导线;

2)在导线的进、出口处应加强绝缘,并将导线卡固;

3)进、出线应加护套,分路成束并做防水弯,导线不得与箱体进、出口直接接触,进出导线不得承受超过导线自重的拉力,以防接头拉开。

(4)配电箱、开关箱内连接导线要求如下:

1)电箱内的连接导线应采用绝缘导线,性能应良好,接头不得松动,不得有外露导电部分;

2)电箱内的导线布置要横平竖直,排列整齐,进线要标明相别,出线须做好分路去向标志,两个元器件之间的连接导线不应有中间接头或焊接点,应尽可能在固定的端子上进行接线;

3)电箱内必须分别设置独立的工作零线和保护零线接线端子板,工作零线和保护零线通过端子板与插座连接,端子板上一只螺钉只允许接一根导线;

4)金属外壳的电箱应设置专用的保护接地螺钉,螺钉应采用不小于 M8 镀锌或铜质螺钉,并与电箱的金属外壳、电箱内的金属安装板、电箱内的保护中性线可靠连接,保护接地螺钉不得兼作他用,不得在螺钉或保护中性线的接线端子上喷涂绝缘油漆;

5)电箱内的连接导线应尽量采用铜线,铝线接头万一松动的话,可能导致电火花和高温,使接头绝缘烧毁,引起对地短路故障;

6)电箱内母线和导线的排列(从装置的正面观察)应符合表 4-3 的规定。

表 4-3　　　　　　　　　电箱内母线和导线的排列

相　　别	颜　　色	垂直排列	水平排列	引下排列
A	黄	上	后	左
B	绿	中	中	中
C	红	下	前	右
N	蓝	较下	较前	较右
PE	黄绿相同	最下	最前	最右

(5)配电箱、开关箱的制作要求如下:

1)配电箱、开关箱箱体应严密、端正,防雨、防尘,箱门开、关松紧适当,便于开关;

2)所有配电箱和开关箱必须配备门、锁,在醒目位置标注名称、编号及每个用电回路的标志;

3)端子板一般放在箱内电器安装板的下部或箱内底侧边,并做好接线标注,工作零线、保护零线端子板应分别标注 N、PE,接线端子与电箱底边的距离不小于 0.2 m。

二、配电箱与开关箱内电器件的选择

1. 配电箱与开关箱的电器选择原则

配电箱、开关箱内开关电器的选择应能保证在正常和故障情况下可靠分断电源,在漏电的情况下能迅速使漏电设备脱离电源,在检修时有明显的电源分断开关,所以配电箱、开关箱的电器选择应注意以下几点:

(1)电箱内所有的电器元件必须是合格品;

(2)电箱内必须设置在任何情况下能够分断、隔离电源的开关电器;

(3)总配电箱中,必须设置总隔离开关和分路隔离开关,分配电箱中必须设置总隔离开关,开关箱中必须设置单机隔离开关,隔离开关一般用作空载情况下通、断电路;

(4)总配电箱和分配电箱中必须分别设置总自动开关和分路自动开关,自动开关一般用作在正常负载和故障情况下通、断电路;

(5)配电箱和开关箱中必须设置漏电保护器,漏电保护器用于在漏电情况下分断电路;

(6)配电箱内的开关电器和配电线路一一对应配合,作分路设置。总开关电路与分路开关电器的额定值、动作整定值应相适应,确保在故障情况下能分级动作;

(7)开关箱与用电设备之间实行一机一闸制,防止一机多闸带来误动作而出事故,开关箱内开关电器的额定值应与用电设备相适应;

(8)手动开关电器只能用于 5.5 kW 以下的小容量的用电设备和照明线路,手动开关通、断电速度慢,容易产生强电弧,灼伤人或电器,故对于大容量的动力电路,必须采用自动开关或接触器等进行控制。

2. 配电箱与开关箱的电器选择要求

根据上述电器选择原则,配电箱和开关箱的电器设置应符合以下要求。

(1)总配电箱内应装设总隔离开关和分路隔离开关、总自动开关和分路自动开关(或总熔断器和分路熔断器)、漏电保护器、电压表、总电流表、总电度表及其他仪表。总开关电器的额定值、动作整定值应与分路开关电器的额定值、动作整定值相适应。若漏电保护器具备自动空气开关的功能则可不设自动空气开关和熔断器。

（2）分配电箱内应装设总隔离开关、分路隔离开关、总自动开关和分路自动开关（或总熔断器和分路熔断器），总开关电器的额定值、动作整定值应与分路开关电器的额定值、动作整定值相适应。必要的话，分配电箱内也可装设漏电保护器。

（3）开关箱内应装设隔离开关、熔断器和漏电保护器，漏电保护器的额定动作电流应不大于 30 mA，额定动作时间应小于 0.1 秒（36 V 及以下的用电设备如工作环境干燥可免装漏电保护器）。若漏电保护器具备自动空气开关的功能则可不设熔断器。每台用电设备应有各自的专用开关箱，实行"一机一闸"制，严禁用同一个开关电器直接控制两台及两台以上用电设备（含插座）。

三、配电箱与开关箱的使用和维护

1.配电箱与开关箱使用的安全技术措施

为了达到安全用电、供电，对配电箱、开关箱的维护保养、安全使用应当采取相应的安全技术措施。

（1）各配电箱、开关箱必须做好标志。

为加强对配电箱、开关箱的管理，保障正确的停、送电操作，防止误操作，所有配电箱、开关箱均应在箱门上清晰地标注其编号、名称、用途，并作分路标志。所有配电箱、开关箱必须专箱专用。

（2）配电箱、开关箱必须按序停、送电。

为防止停、送电时电源手动隔离开关带负荷操作，以及便于对用电设备在停、送电时进行监护，配电箱、开关箱之间应遵循一个合理的操作顺序，停电操作顺序应当是从末级到初级，即用电设备→开关箱→分配电箱→总配电箱（配电室内的配电屏）；送电操作顺序应当是从初级到末级，即总配电箱（配电室内的配电屏）→分配电箱→开关箱→用电设备。若不遵循上述顺序，就有可能发生意外操作事故。送电时，若先合上开关箱内的开关，后合配电箱内的开关，就有可能使配电箱内的隔离开关带负荷操作，产生电弧，对操作者和开关本身都会造成损伤。

（3）配电箱、开关箱必须配门锁。

由于配电箱中的开关是不经常操作的，电器又是经常处于通电工作状态，其箱门长期处在开启状态时。容易受到不良环境的侵害。为了保障配电箱内的开关电器免受不应有的损害和防止人体意外伤害，对配电箱加锁是完全有必要的。

（4）对配电箱、开关箱操作者的要求。

为了确保配电箱、开关箱的正确使用,应对配电箱、开关箱的操作人员进行必要的技术培训与安全教育。配电箱、开关箱的使用人员必须掌握基本的安全用电知识,熟悉所使用设备的性能及有关开关电器的正确操作方法。

配电箱、开关箱的操作者上岗时应按规定穿戴合格的绝缘用品,并检查、认定配电箱、开关箱及其控制设备、线路和保护设施完好后,方可进行操作。如通电后发现异常情况,如电动机不转动,则应立即拉闸断电,请专业电工进行检查,待消除故障后,才能重新操作。

2. 配电箱、开关箱的维修技术措施

现场临时用电工程的环境,在客观上是比正式用电工程的环境条件要差。所以对配电箱、开关箱应加强检查。

(1)配电箱、开关箱必须每月进行一次检查和维护,定期巡检、检修由专业电工进行,检修时应穿戴好绝缘用品。

(2)检修配电箱和开关箱时,必须将前一级配电箱的相应的电源开关拉闸断电,并在线路断路器(开关)和隔离开关(刀闸)把手上悬挂停电检修标志牌,检修用电设备时,必须将该设备的开关箱的电源开关拉闸断电,并在断路器(开关)和隔离开关(刀闸)把手上悬挂停电检修标志牌,不得带电作业。在检修地点还应悬挂工作指示牌。

(3)配电箱、开关箱应保持整洁,不得再挂接其他临时的用电设备,箱内不得放置任何杂物,特别是易燃物,防止开关电器的火花点燃易燃物品起火爆炸和防止放置金属导电器材意外碰触到带电体引起电器短路和人体触电。

(4)箱内电器元件的更换必须坚持同型号、同规格、同材料,并有专职电工进行更换,禁止操作者随意调换,防止换上的电器元件与原规格不符或为了图快采用其他金属材料代替。

(5)现场配电箱、开关箱的周围环境条件往往不是一成不变的。随着工程的进展必须对配电箱、开关箱的周围环境作好检查,特别是进、出导线的检查,避免机械受伤和坠落物及地面堆物使导线的绝缘损伤等损坏现象。情况严重时除进行修理、调换外还应对配电箱、开关箱的位置作出适当调整或搭设防护设施,确保配电箱、开关箱的安全运行。

四、绝缘测试

配电箱全部电器安装完毕后,用 500 V 兆欧表对线路进行绝缘测试。测试项目应符合以下要求。

(1)相线与相线之间的绝缘电阻值。

(2)相线与中性线之间的绝缘电阻值。

(3)相线与保护地线之间的绝缘电阻值。

（4）中性线与保护地线之间的绝缘电阻值。

绝缘电阻测试时应做好记录，作为质量控制资料组卷归档。

第二节　配电柜(盘)安装

一、测量定位

按设计施工图纸所标定位置及坐标方位、尺寸进行测量放线，确定设备安装的底盘线和中心线。同时应复核预埋件的位置尺寸和标高，以及预埋件规格和数量，如出现异常现象应及时调整，确保设备安装质量。

二、基础型钢安装

（1）预制加工基础型钢架。型钢的型号、规格应符合设计要求。按施工图纸要求进行下料和调直后，组装加工成基础型钢架，并应刷好防锈涂料。

（2）基础型钢架安装。按测量放线确定的位置，将已预制好的基础型钢架稳放在预埋铁件上，用水准仪或水平尺找平、找正。找平过程中，需用垫铁垫平，但每组垫铁不得超过三块。然后将基础型钢架、预埋件、垫铁用电焊焊牢。基础型钢架的顶部应高出地面 10 mm。

（3）基础型钢架与地线连接。将引进室内的地线扁钢，与型钢结构基架的两端焊牢，焊接面为扁钢宽度的二倍。然后将基础型钢架涂刷两道灰色油性涂料。

三、配电柜(盘)就位

（1）运输。通道应清理干净，保证平整畅通。水平运输应由起重工作业，电工配合。应根据设备实体采用合适的运输方法，确保设备安全到位。

（2）就位。首先，应严格控制设备的吊点，配电柜(盘)顶部有吊环者，应充分利用吊环将吊索穿入吊环内。无吊环者，应将吊索挂在四角的主要承重结构处。然后，试吊检查受力吊索力的分布是否均匀一致，以防柜体受力不均产生变形或损坏部件。起吊后必须保证柜体平稳、安全、准确就位。

（3）应按施工图纸的布局，按顺序将柜坐落在基础型钢架上。单体独立的配电柜(盘)应控制柜面和侧面的垂直度。成排组合配电柜(盘)就位之后，首先找正两端的柜，由柜的下面向上 2/3 高度挂通线，找准调正，使组合配电柜(盘)正面平顺为准。找正时采用 0.5 mm 铁片进行调整，每组垫片不能超过三片。调整后及时做临时固定，按柜固定螺孔尺寸，用手电钻在基础型钢架上钻孔，分别用 M12、M16 镀锌螺栓固定。紧固时受力要均匀，并设有防松措施。

（4）配电柜(盘)就位，找正、找平后，应将柜体与柜体、柜体与侧挡板均用镀锌螺丝连接。

（5）接地。配电柜(盘)接地，应以每台配电柜(盘)单独与基础型钢架连接。

在每台柜后面的左下部的型钢架的侧面上焊上鼻子,用 6 mm² 铜线与配电柜(盘)上的接地端子连接牢固。

四、母带安装

(1)配电柜(盘)骨架上方母带安装,必须符合设计要求。

(2)端子安装应牢固,端子排列有序,间隔布局合理,端子规格应与母带截面相匹配。

(3)母带与配电柜(盘)骨架上方端子和进户电源线端子连接牢固,应采用镀锌螺栓紧固,并应有防松措施。母带连接固定应排列整齐,间隔适宜,便于维修。

(4)母带绝缘电阻必须符合设计要求。橡胶绝缘护套应与母带匹配,严禁松动脱落和破损酿成漏电缺陷。

(5)柜上母带应设防护罩,以防止上方坠落金属物而使母带短路的恶性事故。

五、二次回路结线

(1)按配电柜(盘)工作原理图逐台检查配电柜(盘)上的全部电器元件是否相符,其额定电压和控制、操作电压必须一致。

(2)控制线校线后,将每根芯线煨成圆,用镀锌螺丝、垫圈、弹簧垫连接在每个端子板上。并应严格控制端子板上的接线数量,每侧一般一端子压一根线,最多不得超过两根,必须在两根线间加垫圈。多股线应刷锡,严禁产生断股缺陷。

六、调试

(1)配电柜(盘)调试应符合以下规定。

1)高压试验应由供电部门的法定的试验单位进行。高压试验结果必须符合国家现行技术标准的规定和配电柜(盘)的技术资料要求。

2)试验内容:高压框框架、母线、电压互感器、电流互感器、避雷器、高压开关、高压瓷瓶等。

3)调校内容:时间继电器、过流继电器、信号继电器及机械连锁等调校。

(2)二次控制线调试应符合以下规定。

1)二次控制线所有的接线端子螺丝再紧固一次,确保固定点牢固可靠。

2)二次回路线绝缘测试。用 500 V 摇表测试端子板上每条回路的电阻,其电阻值必须大于 0.5 MΩ。

3)二次回路中的晶体管、集成电路、电子元件等,应采用万用表测试是否接通,严禁使用摇表和试铃测试。

4)通电要求。首先,接通临时控制电源和操作电源。将配电柜(盘)内容的控制、操作电源回路熔断器上端相线拆掉,接上临时电源。

5)模拟试验。根据设计规定和技术资料的相关要求,分别模拟试验控制系统、连锁和操作系统、继电保护和信号动作。应正确无误,灵敏可靠。

6)全部调试工作结束之后,拆除临时电源,将被拆除的电源线复位。

第三节　变压器安装

一、变压器本体及附件安装

1. 变压器基础

一般中、小型配电变压器的基础式样如图 4-2 所示。变压器底部若带滚轮,还应在基础顶部安装—200×8 的扁钢和直径 16 mm 的圆钢,其位置由变压器轨距而定。

2. 本体就位及接线

(1)装有气体继电器的变压器,应使其顶盖沿气体继电器气流方向有 1‰～1.5‰ 的升高坡度(或按制造厂规定)。

图 4-2　配电变压器基础式样

(2)当变压器需与封闭母线连接者,其低压套管中心线应与封闭母线安装中心线相符。

(3)装有滚轮的变压器,滚轮应能转动灵活,在变压器就位后,应将滚轮用能拆卸的制动装置加以固定。

3. 密封处理

(1)变压器的所有法兰连接处,应用耐油橡胶密封垫(圈)密封,密封垫(圈)应无扭曲、变形、裂纹、毛刺,密封垫(圈)应与法兰面的尺寸相配合;

(2)法兰连接面应平整、清洁,密封垫应擦拭干净,安放位置准确,其搭接处的厚度应与其原厚度相同,压缩量不宜超过其厚度的三分之一。

4. 冷却装置安装

(1)冷却装置在安装前应进行密封检查,检查方法及要求见表 4-4。

表 4-4　　　　　　　　　冷却装置密封检查方法及要求

变压器冷却装置	压缩空气检查 (表压力)/Pa	变压器油检查 (表压力)/Pa	不渗漏持续时间 /min
一般散热器	0.5×10^5	0.7×10^5	30
强迫油循环风冷却器	2.5×10^5	2.5×10^5	30
强迫油循环水冷却器	2.5×10^5	2.5×10^5	60

（2）冷却装置安装前应用合格的变压器油进行循环冲洗,除去杂质。

（3）冷却装置安装完毕应立即注油,以免由于阀门渗漏造成变压器本体油位降低,使变压器绝缘部分露出油面。

（4）风扇电动机及叶片应安装牢固,转动灵活,无卡阻现象;试运转时应无振动、过热或与风筒碰擦等情况,转向正确;电动机电源配线应采用具有耐油性能的绝缘导线,靠近箱壁的绝缘导线应用金属软管保护;导线排列应整齐,接线盒密封良好。

（5）管路中的阀门应操作灵活,开闭位置正确;外接油管路在安装前应进行彻底除锈并清洗干净;管路安装后,油管应涂黄漆,水管应涂黑漆,并应有流向标志。

（6）水冷装置停用时,应将存水放尽,以防天寒冻裂。

5. 安全保护装置安装

（1）气体继电器安装。

1）气体继电器安装前应进行校验整定,整定值见表4-5。

表4-5　　　　　　　　　　　气体继电器的整定值

项　　目		额定参量	整　定　值
信号触点动作值		气体体积	200～250 cm³
跳闸触点动作值	a. 强迫油循环	油气流速	1.1～1.25 m/s
	b. 油自循环		0.6～1.0 m/s

2）气体继电器应水平安装,其顶盖上标志的箭头应指向储油柜,与连通管的连接应密封良好,如图4-3所示。

3）浮子式气体继电器接线时,应将电源的正极接至水银侧的接点,负极接于非水银侧的接点。

4）变压器运行前应打开放气塞,直至全部放出气体继电器中的残余气体时为止。

（2）温度计和温度继电器的安装。

1）变压器顶盖上的温度计应安装垂直,温度计座内应注以变压器油,且密封良好;

2）温度计和温度继电器安装前应进行校验,信号接点动作正确,导通良好。信号接点动作整定值见表4-6。

图4-3　气体继电器的安装
1—气体继电器;2—蝶阀;3—储油柜;4—油箱

表 4-6　温度继电器动作整定值

项　目	整定值/℃	项　目	整定值/℃
冷却风扇停止	45	冷却风扇启动	55
报　警	85		

3）膨胀式温度继电器的细金属软管，其弯曲半径不得小于 50 mm，且不得有压扁或剧烈的扭曲。

（3）安全气道的安装。

1）安全气道安装前内壁应清拭干净；

2）安全气道的隔膜应完整，其材料和规格应符合产品规定，不得任意代用（隔膜的爆破压力一般为 5×10^4 Pa）。

6. 变压器油保护装置安装

（1）储油柜的安装。

储油柜安装前应放尽残油，清洗干净；注油后，检查油标指示与实际油面是否相符。胶囊式油柜的胶囊应完整无渗漏，胶囊沿长度方向与储油柜的长轴保持平行。胶囊口应密封良好，呼吸畅通。

（2）油封吸湿器的安装。

吸湿器内装的变色硅胶应是干燥的，下部油杯里要注入适量的变压器油。

（3）吸附净油器的安装。

净油器内的吸附剂（硅胶或活性氧化铝）应干燥处理，一般规定为 140 ℃、8 小时或 300 ℃、2 小时；吸附剂装罐前应筛选；净油器滤网安装位置应装于出口侧。

二、变压器投入运行前的检查

（1）带电前的要求。带电前应对变压器进行全面检查，查看是否符合运行条件，如不符合，应立即处理，内容大致如下。

1）变压器储油柜、冷却柜等各处的油阀门应打开再次排放空气，检查各处应无渗漏。

2）变压器接地良好。

3）变压器油漆完整、良好，如局部脱落应补漆。如锈蚀、脱落严重应重新除锈喷漆。套管及硬母线相色漆应正确。

4）套管瓷件完整清洁，油位正常，接地小套管应接地，电压抽取装置如不用也应接地。

5）分接开关置于运行要求挡位，并复测直流电阻值正常，带负荷调压装置指示应正确，动作试验不少于 20 次。

6)冷却器试运行正常,联动正确,电源可靠。

7)变压器油池内已铺好卵石,事故排油管畅通。

8)变压器引出线连接良好,相位、相序符合要求。

9)气体继电器安装方向正确,打气试验接点动作正确。

10)温度计安装结束,指示值正常,整定值符合要求。

11)二次回路接线正确,经试操作情况良好。

12)变压器全部电气试验项目(除需带电进行者外)都已结束。

13)再次取油样做耐压试验应合格。

14)变压器上没有遗留异物,如工具、破布、接地铁丝等。

(2)变压器的冲击试验。

1)变压器试运行前,必须进行全电压冲击试验,考验变压器的绝缘和保护装置,冲击时将会产生过电压和过电流。

①全电压冲击一般由高压侧投入,每次冲击时,应该没有异常情况,励磁涌流也不应引起保护装置误动作,如有异常情况应立即断电进行检查。第一次冲击时间应不少于 10 分钟。

②持续时间的长短应根据变压器结构而定,普通风冷式不开风扇可带 66.7% 负荷,所以时间可以长一些;强油风冷式由于冷却器不投入时,变压器油箱不足以散热,故允许空载运行的时间为 20 分钟(容量在 125 mV·A 及以下时)和10 分钟(125 mV·A 以上)。

③变压器第一次受电时,如条件许可,宜从零升压,并每阶段停留几分钟进行检查,以便及早发现问题,如正常便继续升至额定电压,然后进行全电压冲击。

2)空载变压器检查方法主要是听声音,正常时发出嗡嗡声,而异常时有以下几种声音:

①声音较大而均匀时,外加电压可能过高;

②声音较大而嘈杂时,可能是心部结构松动;

③有吱吱响声时,可能是心部和套管有表面闪络;

④有爆裂音响且大、不均匀,可能是心部有击穿现象。

3)冲击试验前应投入有关的保护,如瓦斯保护、差动保护和过流保护等。另外,现场应配备消防器材,以防不测。

4)在冲击试验中,操作人员应观察冲击电流大小。如在冲击过程中,轻瓦斯动作,应取油样作气相色谱分析,以便作出判断。

5)无异常情况时,再每隔 5 分钟进行一次冲击,最后空载运行 24 小时,经 5 次冲击试验合格后才认为通过。

6)冲击试验通过后,变压器便可带负荷试运行。在试运行中,变压器的各种保护和测温装置等均应投入,并定时检查记录变压器的温升、油位、渗漏、冷却器运行等情况。有载调压装置还可带电切换,逐级观察屏上电压表指示值应与变压器铭牌相符,如调压装置的轻瓦斯动作,只要是有规律的应属正常,因为切换时要产生一些气体。

　　7)变压器带一定负荷试运行 24 小时无问题,便可移交使用单位。

第五章　供配电线路安装工程

第一节　架空配电线路安装

架空线路的施工应根据总建筑平面布置图和地质结构、地形特点，在保证满足有关规范、规定要求的条件下，按路径最短、使用建筑材料最省的原则确定线路走向。线路应尽可能沿公路、铁路架设，以方便杆塔和设备器材运输和线路巡视检修。线路应避开高大机械设备频繁通过地段和各种露天作业场所，减少跨越建筑物或与其他设施交叉。线路应避开易受腐蚀污染、地势低凹易受水淹和易燃易爆等场所。架空线路与其他建筑设施、地物的安全距离见表5-1。

表 5-1　　　　　　　　架空线路对地面、水面的允许距离　　　　　　（单位:m）

线路经过地区的特点		线路电压/kV	
		<1	1～10
入口密集地区		6.0	6.5
入口非密集地区		5.0	5.5
居民密度很小、交通困难地区		4.0	4.5
步行可到达的山坡		3.0	4.5
步行不可到达的山坡和峭壁等		1.0	1.5
不能通航及浮运的河湖,在冬季时线路至冰面		5.0	5.0
不能通航及浮运的河湖,高水位时线路至水面		1.0	3.0
人行道、巷等区域	裸导线至地面	3.5	—
	绝缘导线至地面	2.5	—

一、杆位排定

杆位排定分室内杆位排定设计和室外杆位排定施工。

（1）在进行杆位排定设计时，可按上述对架空线路的基本要求确定线路路径并在平面图上用实线表示，杆位用小圆圈表示；同时标注线路的档距、杆型、编号及标高；在架空线路中，沿线路方向相邻两杆塔导线悬挂点之间的水平距离称为档距（又称跨距）l，档距可根据线路通过的地区和电压类别，按表 5-2 所列数据范围选择确定。

表 5-2　　　　　　　　　　架空线路的档距允许范围　　　　　　　　（单位：m）

线路通过地区	高　　压	低　　压
城　　区	40～50	30～45
城郊或乡村	50～100	40～60
厂区或居民小区	35～50	30～40

（2）对转角杆、分支杆还须标注干线或分支线的转角，对于转角杆、分支杆和终端杆，则应标注其拉线的型号及拉线与电杆的安装夹角等；

（3）线路上有跨越建筑设施处也应在平面图上标绘出。

（4）在室外进行杆位排定施工时，应按施工设计图纸勘测确定线路路径，先确定线路起点、终点、转角点和分支点等杆位，再确定直线段上的杆位（如直线杆、耐张杆）。施工常用"经纬仪定位法"或"三标杆定位法"确定杆位，并在地面上打入主、辅标桩，在标桩上标注电杆编号、杆型等，以便确定是否需要装设拉线和组织挖掘施工等。

二、挖坑

电杆按材质分，有木杆、金属杆和钢筋混凝土杆。目前施工中常用的是钢筋混凝土杆，一般为空心环形截面，且有一定锥度（一般为 1：75）。长度分 8 m，9 m，……，15 m 等 7 种，杆高及杆坑参考尺寸见表 5-3。

表 5-3　　　　　　　　　　　电杆埋深参考值　　　　　　　　　　　（单位：m）

电杆高度	8	9	10	11	12	13	15
杆坑深度	1.5	1.6	1.7	1.8	1.9	2.0	2.3

注：本表适用于沙土、硬塑土、且承力为 19.61～29.42 N/cm²。

杆坑深度与电杆高度及土质情况有关，对于承力杆（如终端杆、转角杆、分支杆和耐张杆）坑底应装设底盘。如果土质压力大于 19.61 N/cm² 时，直线杆坑底可不装设底盘，但如果土质较差或水位较高时，直线杆坑底也应装设底盘，以提高线路的稳定性。

三、立杆

为了施工方便，一般先在地面上安装横担及绝缘子、拉线等，待组装好后再进行立杆。

1. 横担及绝缘子安装

（1）在横担及绝缘子设计安装时，应尽量选用同一型号规格的横担和绝缘子。单横担多用于直线杆和转角小于 15°的转角杆上，而终端杆、分支杆、耐张杆和转角大于15°的转角杆则多选用双横担,可参考表5-4和表5-5选择。

表5-4　　　　　　　　　　横担长度选择表　　　　　　　　（单位：mm）

横担长度	低压线路			高压线路		
	二线	四线	六线	二线	水平排列四线	陶瓷横担头部
铁横担	700	1500	2300	1500	2240	800

表5-5　　　　　　　　　　横担长度选择表　　　　　　　　（单位：mm）

导线截面/mm²	低压直线杆	低压承力杆		高压直线杆	高压承力杆
		二　线	四线以上		
16、25、35、50、70、95、120	L50×5 ×63×6	2×L50×5 2×L75×8	2×L63×8 2×L75×8	L63×6 L63×6	2×L63×6 2×L75×8

（2）横担一般应水平安装,且与线路方向垂直,其倾斜度不超过1‰。直线杆上横担应装设在负荷侧,多层横担应装在同一侧,为了供电安全和检修方便,横担不应超过4层,横担间安全距离应不小于表5-6所列数据。对于转角杆、分支杆和终端杆,由于承受不平衡导线张力,应将横担装设在张力反方向侧。三相三线制架空线路,导线一般为三角形排列或水平排列;多回路同杆架设时,导线可三角形和水平混合排列。导线水平排列时,最高层横担距杆面300 mm;等腰三角形排列时,最高层横担距杆顶600 mm;等边三角形排列时,最高层横担距杆顶900 mm。

表5-6　　　　　　　多回路导线共杆架设时横担最小间距　　　　　　（单位：mm）

导线排列方式	直线杆	分支杆或转角杆
高压对高压	800	450/600
高压对低压	1200	1000
低压对低压	600	300
高压对信号线路	2000	2000
低压对信号线路	600	600

注：高压转角杆横担或分支杆横担,距其上层横担450 mm,距其下层横担600 mm。

（3）横担及绝缘子装设在电杆上后,应对绝缘子进行外观检查,检查其表面有无裂纹,釉面有无脱落等缺陷,并用2500 V兆欧表测量绝缘子的绝缘电阻,应不低于300 MΩ。如果条件允许,还应进一步做耐压试验。

2. 拉线的类型选择

电杆上架设导线后,终端杆、转角杆和分支杆将承受不平衡导线张力而使线路失去稳定,因此必须装设拉线,以平衡各方位的拉力。土质松软地区,由于基础不牢固,也需要在直线杆上每隔5～10根装设人字拉线或四方拉线,以增强线路稳定性。

拉线通常由上把、中把和下把组成。上把长约2.5 m,上端用抱箍或套环固定在电杆合力作用点上,下端经拉线绝缘子及楔形线夹与中把相连接。下把的上端露出地面0.5～0.7 m,经花篮螺栓与中把连接,下端与埋深1.2～2 m的水泥拉线底盘连接。拉线上把和中把多用$\phi4$镀锌铁线或镀锌钢绞线制成;下把大部分埋设在土壤中,容易受到腐蚀,故除了采用$\phi4$镀锌铁线或镀锌钢绞线外,还可采用$\phi19$镀锌铁拉棒,并涂以沥青防腐。当下把采用$\phi4$镀锌铁线时,下把应比上把、中把多2股;Y形拉线的下把为其上部两支拉线股数之和再加1股。如果下把超过9股时,应采用镀锌铁拉棒。拉线安装收紧后,应使杆顶向拉线一侧倾斜1/2杆稍直径。

立杆多采用汽车悬臂吊车吊装,应使电杆轴线与线路中心偏差不超过150 mm。直线杆及耐张杆轴线应与地面垂直,倾斜度应小于其稍径的1/4;而终端杆、转角杆和分支杆轴线应向拉线一侧倾斜,但倾斜度应不超过其稍径的1/2。在立杆时,应注意将电杆安放平稳,横担方位符合前述规定要求,杆坑回填土应逐层夯实,并高出地面300 mm。

四、导线架设

在电杆埋设,横担、绝缘子、拉线等安装均完毕后,即可进行架线施工。架线前应首先检查导线型号规格是否与设计要求相符,有无严重机械损伤和锈蚀等问题。

架线施工主要包括放线、导线连接、紧线调整弧垂和导线固定等工序。简述如下。

(1)放线。放线时应注意双路电源线路不得共杆架设,而对一般负荷供电的高、低压电力线路以及道路照明线路、广播线路、电话线路等可共杆架设,但横担布置及间距应符合图5-1所示布置要求。另外,同一电压等级的不同回路导线,导线截面较小的布置在下面,导线截面较大的布置在上方。三相导线排列相序应符合规定要求,即面向负荷从左侧起,高压电力线路:L_1、L_2、L_3;低压电力线路:L_1、N、L_2、L_3,且零线N靠近电杆。

放线前应首先清除线路上的障碍物,如线路跨越公路、铁路及其他电力线路、建筑物时,应搭设导线跨越架,然后选择适当放线位置,安放固定放线架及其盘线轮。通常按耐张段分段放线,放线一般采用拖线法,并使导线从盘线轮的上方引出,以免导线与地面接触而受到损伤。

(2)导线连接。导线按耐张段放线完成后,应将耐张段内各相导线接线头分

图5-1 电杆上横担及架空导线布置示意图

别连接起来,使其成为良好的电气通路。导线接头连接质量的优劣将直接影响到线路的机械强度和电气工作性能,因此对导线连接提出以下要求。

①导线连接处的机械强度不得低于原导线机械强度的90%;

②导线连接处的接触电阻不得大于同长度导线电阻的1.2倍;

③不同金属、不同截面和不同捻绞方向的导线不能在档距中连接,其导线接头只能在电杆横担上的过引线处连接(过引线或引下线的相间净空距离应满足:1～10 kV线路应不小于 300 mm;1 kV 以下线路应不小于 150 mm)。

另外,还须注意每个档距内每根导线最多只能有一个接头,当线路跨越铁路、公路、河流、电力线路或通讯线路时,则要求导线(包括避雷线)不能有接头。

导线的连接方法有钳压法、爆接法、螺接法和线夹连接等。例如导线接头在过引线(也称跳线)处进行,受力很小可用螺接法和线夹连接法;导线接头在档距之内进行,受力较大可用钳压法和爆压法。以钳压法为例,在压接之前,先将导线及连接套管内壁用中性凡士林涂抹一层,再用细钢丝刷在油内清洗,使之在与空气隔离情况下清除氧化膜,导线的清洗长度应为导线接头连接长度的 1.25 倍以上。清洗后,在导线表面和连接套管内壁涂抹一层凡士林锌粉膏,再用细钢丝刷擦刷,然后将带凡士林锌粉膏导线插入连接套管中,并使导线端头露出套管外端 20 mm 以上。再将连接套管连

图 5-2　铝绞线连接套管压接顺序示意图

同导线放入液压压接钳的压模之中,按顺序要求压接,借助于连接套管与导线之间的握着力使两根导线紧密地连接起来,其压接顺序如图 5-2 所示。

（3）导线固定及其弧垂调整。在线路档距内,由于导线自身荷重而产生下垂弧度。将导线下垂圆弧最低点水平切线与档距端导线悬挂点之间的垂直距离称作导线弧垂或驰度,弧垂必须满足施工要求。一般分耐张段进行紧线和弧垂调整,先将导线一端固定在起始耐张杆或其他承力杆上,在耐张段另一端的耐张杆上紧线。导线可逐根均匀收紧,也可以二线或三线同时均匀收紧,后一种方法紧线速度快,需要功率较大的牵引装置。如果耐张段较短和导线截面较小时,可用滑轮组和液压紧线器将导线收紧,而耐张段较长和导线截面较大时,则应采用卷扬机,并采取临时拉线加固措施将导线收紧。当导线收紧到一定程度时,要配合调节导线弧垂,使之符合设计要求。

导线弧垂与当地气候条件、档距和导线型号、规格等因素有关,导线弧垂大小可按公式计算,或根据当地供电部门提供的架空线路导线弧垂表查取。

确定导线弧垂值再加上绝缘子串的垂直长度（针式绝缘子则应减去其垂直长度）后,即得到从横担到导线最低点的垂直距离,即称作"最终弧垂值"。测定导线弧垂值常采用平行四边形方法,即在相邻电杆的横担上悬挂弧垂板（丁字形水准尺）,将导线"最终弧垂值"标记在弧垂板上,再由观测人员在电杆上从一侧弧垂板瞄准另一侧弧垂板,使导线下垂圆弧最低点与瞄准直线相切时,即表明弧垂值调整符合要求。弧垂与允许安装弧垂值误差不应超过±5%,档距内多条截面相同的导线弧垂值应调整一致。

将耐张段内各档距的导线弧垂调整到符合设计要求,即可将导线装上线夹并与绝缘子相连结,使导线在绝缘子上处于自然拉紧状态;经检查导线弧垂无明显变化,就可以将导线绑扎紧固在绝缘子上。导线绑扎固定的方法可根据电杆、绝缘子的类型及安装地点来选择。例如,直线杆上的针式绝缘子采用顶绑法或侧绑法（也叫颈绑法）;转角杆上的针式绝缘子可采用侧绑法;终端杆、分支杆上的蝶式绝缘子可采用终端绑扎法;而 6～10 kV 或以上架空线路终端杆、耐张杆上的导线固定,可采用耐张线夹固定导线法等等。

在线路架设安装完毕、投入运行之前,须进行必要的测试检查,即①检查架空导线最低点距地面、建筑物、构筑物或其他设施的距离是否符合有关规范规定要求;②检查架空线路的相序是否符合规定要求,线路两端的相位关系是否一

致;③检查测试线路绝缘电阻、过电压保护装置(如避雷器、避雷针及避雷线等)的接地电阻是否符合规定要求;④在额定电压下,对线路进行三次空载冲击合闸试验,第一次冲击合闸试验应分相进行,第二、三次冲击合闸试验则三相同时进行。在各次冲击合闸试验中观察线路及设备、器件有无损坏或不正常现象。

第二节　电缆线路施工

一、电力电缆的敷设

电力电缆的敷设方式很多,主要有直接埋地敷设、电缆沟内(或隧道内)敷设、穿钢管(或水泥排管)敷设、用吊钩在建筑物室内楼板下或沿墙敷设、沿电缆托盘和电缆线槽、电缆桥架敷设等等。各种电缆敷设方法都有其优缺点,应根据电缆根数、敷设区域的环境条件等实际情况确定。其中电缆直埋敷设具有施工简单、使用建筑材料少、有利于电缆散热等优点,所以在条件允许的情况下应尽可能选择电缆直埋敷设方式。

1. 电缆直接埋地敷设

将电缆线路直接埋入地下,不易遭受雷电或其他机械伤害,故障少,安全可靠。同时其施工方法简便、土建材料省、泥土散热好、对提高电缆的载流量有一定好处,但挖掘土方量较大,电缆易受土壤中酸碱性物质腐蚀,线路维护也较困难。所以,电缆直接埋地敷设方法一般适用于敷设距离较长、电缆根数较少及不适合采用架空线路的地方。

电缆直接埋地敷设时,应先勘察选择敷设电缆的路径,以确保电缆不受机械损伤,并符合电缆直埋敷设施工要求。

(1)电缆埋地深度不小于 0.7 m,穿越农田时应不小于 1 m,在冰冻地带应埋设在冻土层以下。

(2)埋设电缆的土壤中如含有微量酸碱物质时,电缆应穿入塑料护套管保护或选用防腐电缆,也可以更换土壤或垫一层不含有腐蚀物质的土壤。

(3)电缆上下方需要各铺设 100 mm 厚的细砂或松软土壤垫层,在垫层上方再用混凝土板或砖覆盖一层,其覆盖电缆宽度应超出电缆两侧各 50 mm,以减小电缆所受来自地面上的压力,其敷设剖面如图 5-3 所示。

(4)电缆如需穿越铁路、道路、引入或引出地面和建筑物基础、楼板、墙体等处时,电缆都应穿管保护。例如,电缆引入、引出地面时(如电缆从沟道引至电杆、设备、墙外表面或室内等人们易于接近处),应有 2 m 以上高度的金属管保护;电缆引入、引出建筑物时,其保护管应超出建筑物防水坡 250 mm 以上;电线穿过铁路、道路时,保护管应伸出路基两侧边缘各 2 m 以上等。

图 5-3 电缆直接埋地敷设剖面图

(a)10 kV 以下电缆并排；(b)不同部门电缆并排

(5)电缆与其他设施交叉或平行敷设时,其间距应不小于表 5-7 的规定值,电缆不应与其他金属类管道较长距离平行敷设。

表 5-7 　　　　　　　**直埋电力电缆与各种设施的最小净距**　　　　　　(单位:m)

设 施 名 称		平行时	交叉时
建筑物、构筑物基础		0.6	
电杆基础		1.0	
电力电缆之间或电力电缆与控制电缆之间	>10 kV	0.25(0.1)	0.5(0.25)
	≤10kv	0.1	0.5(0.25)
通讯电缆		0.5(0.1)	0.5(0.25)
热力管道(管沟)及热力设备		2.0	(0.5)
油管道(管沟)		1.0	0.5
水管、压缩空气管(管沟)		0.5(0.25)	0.5(0.25)
可燃气体及易燃、可燃液体管道(管沟)		1.0	0.5(0.25)
电气化铁路路轨	交 流	3.0	1.0
	直 流	10.0	1.0
城市街道路面		1.0	0.7
公路(道路)		1.5	1.0
铁路路轨		3.0	1.0
排水明沟(平行时与沟边,交叉时与沟底)		1.0	0.5

注:①表中括号内数字为电缆穿线管、加隔板或隔热保护层后所允许的最小净距;

②电缆与热力管沟交叉时,如电缆穿石棉水泥保护管,保护管应伸出热力管沟两侧各 2 m;用隔热保护层时,则保护层应超出热力管沟和电缆两侧各 1 m;

③电缆与道路、铁路交叉时,保护管应伸出路基 1 m 以上;

④电缆与建筑物、构筑物平行敷设时,电缆应埋设在其防水坡 0.1 m 以外,且距其基础在 0.5 m 以上。

为了维护方便和不使挖填电缆沟土方量过大,同一路径上埋设的电缆根数不应超过 8 根,否则宜采用电缆沟敷设。在电缆埋设路径上,尤其是电缆与其他设施交叉、拐弯和有电缆接头的地方,应埋设高出地面 150 mm 左右的标桩,并标注电缆的走向、埋深和电缆编号等。电缆拐弯处的弯曲半径应符合表 5-8 的规定值;在终端头、中间接头等处应按要求预留备用长度;在电缆直埋路径上应有 2.5% 的余量,使电缆在电缆沟内呈 S 形埋设,以消除电缆由于环境温度变化而产生的内应力。

表 5-8 电缆敷设弯曲半径与电缆和外径的比值

电缆护套类型		电 力 电 缆		其他电缆多芯
		单 芯	多 芯	
金属护套	铅 包	25	15	15
	铝 包	30 *	30 *	30
	皱绞铝套、钢套	20	20	20
非 金 属 护 套		20	15	无铠装 10,有铠装 15

注:电力电缆中包括油浸纸绝缘电缆(包括不滴流浸渍电缆)、橡皮绝缘电缆和塑料绝缘电缆。

"*"为铝包电缆外径小于 40 mm,其比值选取 25。

2. 电线在电缆沟内敷设

电缆在电缆沟内敷设方式适用于敷设距离较短且电缆根数较多(如超过8 根)的情况。如变电所内、厂区内以及地下水位低、无高地热源影响的场所,都可采用电缆沟敷设。由于电缆在电缆沟内为明敷方式,敷设电缆根数多,有利于进行中长期供配电线路规划,而且敷设、检修或更换电缆都较方便,因而获得广泛采用。

电缆沟结构如图 5-4、表 5-9 所示。电缆沟通常采用砌砖或混凝土浇筑方式,电缆支架的固定螺栓在建造电缆沟时预埋。电缆沟内表面用细砂浆抹平滑,位于湿度大的土壤中或地下水位以下时,电缆沟应有可靠防水层,且每隔 50 m 左右设一口集水井,电缆沟底对集水井方向应有不小于 0.5% 的坡度,以利于排水。电缆沟盖板一般采用钢筋混凝土盖板,每块盖板重不大于 50 kg。在室内,电缆沟盖板可与地面相平或略高出地面。在室外,为了防水,如无车辆通过,电缆沟盖板应高出地坪 100 mm,可兼作人行通道。如有

图 5-4 10 kV 以下电缆沟结构示意图

车辆通过,电缆沟盖板顶部应低于地坪 300 mm,并用细砂土覆盖压实,盖板缝隙均用水泥砂浆勾缝密封。为了便于维护,室外长距离电缆沟应适当加大尺寸,一般深度为 1300 mm,宽度以不小于 700 mm 为宜。

表 5-9   电缆沟参考尺寸   (单位:mm)

结 构 名 称		符号	推荐尺寸	最小尺寸
通道宽度	单侧支架	AD	450	300
	双侧支架	AS	500	300
电缆支架层间距离	电力电缆	mD	150～250	150
	控制电缆	mk	130	120
电力电缆水平净距		t	35	35
最上层支架至盖板净距		C	150～200	150
最下层支架至沟底净距		G	50～100	50

电缆支架一般由角钢焊接而成,其支架层间净距不应小于 2 倍电缆外径加 10 mm,焊接时垂直净距与设计偏差不应大于 5 mm。另外其安装间距应不超过表 5-10 的规定数值。电缆支架经刷漆防腐处理后,即可安装到电缆沟内的预埋螺栓上,其安装高差应不超过 5 mm。在有坡度的电缆沟内或建筑物上安装的电缆支架,应与电缆沟或建筑物的坡度相同。电缆支架采用 $\phi 6$ 圆钢依次焊接连接后再可靠接地,接地电阻不应超过 10 Ω。

表 5-10   电缆各支持点间的距离   (单位:mm)

电 缆 类 型		敷 设 方 式	
		水 平	垂 直
电力电缆	全塑型	400	1000
	除全塑型以外的中、低压电缆	800	1500
	35 kV 及以上高压电缆	1500	2000
控 制 电 缆		800	1000

在敷设电缆时,应将高、低压电缆分开,电力电缆与控制电缆分开。如果是单侧电缆支架,电缆敷设应按控制电缆、低压电缆和高压电缆的顺序,自下而上地分层放置,各类电缆之间最好用水泥石棉板隔开。

二、电缆头制作

电缆敷设完成后,其两端要与电源和用电设备相连接,各段电缆也要相互连接起来,这就需要制作电缆头。电缆始、末端电缆头称作电缆终端头,电缆相互连接的电缆头称作电缆中间接头。各类电缆,特别是电力电缆必须在密封状态下运行,以防电缆受潮,防止油浸纸绝缘电缆浸渍剂流失,保证电缆的绝缘强度和耐压能力不降低,所以电缆终端头和电缆中间接头的制作是电缆敷设中的关键工序,对制作安装工艺要求非常高。

电缆头种类繁多,有用于室内的铁皮漏斗式终端头、聚氯乙烯软手套干包式终端头、环氧树脂浇注式和环氧树脂预制式终端头等;还有用于室外的铸铁鼎足式终端头和环氧树脂浇注式终端头等。本节将主要介绍近年来新发展起来的热缩型电缆终端头的制作。

在制作电缆头时,应在天气晴朗、环境温度0℃以上、相对湿度不大于70%的洁净环境中进行,下面简要介绍其中两种电缆终端头的制作及一般工艺要求。

1. 10 kV 交联电力电缆热缩型终端头的制作

聚乙烯交联电力电缆取代油浸纸绝缘电力电缆是电缆发展的必然趋势。传统的环氧树脂浇注式电缆终端头附件不能用于聚乙烯交联电缆,但热缩型电缆终端头附件不仅适用于油浸纸绝缘电缆,也适用于聚乙烯交联电缆,并取代了过去传统的制作工艺方法,其制作工序及工艺要求如下。

(1)剥除内、外护套和铠装。

电缆经试验合格后,将其一端切割整齐,并固定在制作架上。然后根据电线终端头的安装位置至连接用电设备或线路之间的距离确定剥切尺寸。外护套剥切尺寸,即从电缆端头至剖塑口的距离,一般要求户内取 550 mm,户外取750 mm。在外护套断口以上 30 mm² 处用 1.5 mm² 铜线扎紧,然后用钢锯沿外圆表面锯至铠装厚度的 2/3,剥去至端部的铠装。再从铠装断口以上留 20 mm,剥去至端部的内护层,割去填充物,并将线芯分开成三叉形,如图 5-5 所示。

图 5-5　10 kV 交联电缆终端头剥切尺寸

(2)焊接接地线。

先将铠装打磨干净,刮净铠装附近的屏蔽层。然后将软铜编织带分成 3 股,分别在每相的屏蔽层上用 1.5 mm² 铜线缠扎 3 圈并焊牢,再将软铜编织带与铠装焊牢,从下端引出接地线,以使电缆在运行中使钢铠及屏蔽层能良好接地。

(3)固定三叉手套。

线芯三叉处是制作电缆终端头的关键部位。先在三叉处包缠填充胶,使其形状为橄榄形,最大直径应大于电缆外径 15 mm。填充胶受热后能与其相邻材料紧密粘结,可起到消除气隙、增加绝缘的作用。然后套装三叉手套,在用液化气烤枪加热固定热缩手套时,应从中部向两端均匀加热,以利排除其内部残留气体。

(4)剥铜屏蔽层、固定应力管。

从三叉手套指端以上 55 mm 处用胶带临时固定,剥去至电缆端部的铜屏蔽层之后,便可以看到灰黑色交联电缆的半导电保护层。在铜屏蔽层断口向上再保留 20 mm 半导电层,将其余半导电层剥除,并用四氯乙烯清洗剂擦净绝缘层表面的铅粉。

固定安装热缩应力管,从铜屏蔽切口向下量取 20 mm 作一记号,该点即为应力管的下固定点,用液化气烤枪沿底端四周均匀向上加热,使应力管缩紧固定,再用细砂布擦除应力管表面杂质,如图 5-6 所示。

(5)压接线端子和固定绝缘管。

剥除电缆芯线顶端一段绝缘层,其长度约为接线端子孔深 5 mm,并将绝缘层削成"铅笔头"形状,套入接线端子,用液压钳进行压接。最后在"铅笔头"处包绕填充胶,填充胶上部要搭盖住接线端子 10 mm,下部要填实线芯削切部分成橄榄状,以起密封端头作用。然后将绝缘管分别从线芯套至三叉手套根部,上部应超过填充胶 10 mm,以保证线端接口密封质量,并按上述方法加热固定,接着再套入密封管、相色管,经加热紧缩后即完成了户内热缩电缆头的制作。对于户外热缩电缆头,在安装固定密封管和相色管之前,还须先分别安装固定三孔防雨裙和单孔防雨裙。

(6)固定三孔防雨裙和单孔防雨裙。

将三孔防雨裙套装在三叉手套指根上方(即从三叉手套指根至三孔防雨裙孔上沿)100 mm 处,第一个单孔防雨裙孔上沿距三孔防雨裙孔上沿为 170 mm,第二个单孔防雨裙孔上沿距第一个单孔防雨裙孔上沿为 60 mm。对各防雨裙分别加热缩紧固定后,再套装密封管和相色管,并分别加热缩紧固定,这样就完成了室外电缆终端头的制作,如图 5-7 所示。

2. 10 kV 油浸纸绝缘电力电缆热缩型终端头的制作

10 kV 油浸纸绝缘电力电缆热缩型终端头附件包括聚氯四氟乙烯带、隔油管、应力管、耐油填充胶、三叉手套、绝缘管、密封管和相色管等,对于户外热缩型终端头还有三孔、单孔防雨裙。其制作工序及要求如下。

图 5-6　热缩三叉手套和应力管的安装　　图 5-7　交联电缆热缩型户外终端头

（1）剥麻被护层、铠装和内垫层。

电缆经试验合格后将其一端固定在制作架上，然后确定从电线端部到剖塑口的距离，一般户内取 660 mm，户外取 760 mm，并用 1.5 mm² 细线或钢卡在该尺寸处扎紧，剥去至端部的麻被护层。在麻被护层剖切口向上 50 mm 处用钢带打一固定卡，并将铜编织带接地线卡压在铠装上，再剥去至端部的钢铠。这时可见由沥青及绝缘纸构成的内垫（护）层，它紧紧绕粘在铅包外表面，因此需要用液化气烤枪加热铅包表面的沥青及绝缘纸，加热时应注意烘烤均匀，以免烧坏铅包。用非金属工具将沥青及绝缘纸等内垫层剥除干净，如图 5-8 所示。

图 5-8　10 kV 油浸纸绝缘电缆终端头剥切尺寸

（2）焊接地线、剥铅包及进行胀管。

将内垫层剥除干净后，在铠装断口向上 120 mm 段用锉刀打磨干净，作为铜编织带接地线焊区,用 1.5 mm² 铜线将接地线缠绕三圈后焊牢。然后再将距铠装断口 120 mm 处至端部的铅包剥除,用胀管钎将铅包口胀成喇叭口形。喇叭口应圆滑、无毛刺,其直径为铅包直径的 1.2 倍。从喇叭口向上沿统包绝缘量 20 mm,用绝缘带缠绕 5～6 圈,以增加三叉根部的机械强度,再用手撕去至端部的统包绝缘层,把线芯轻轻分开。

（3）固定隔油管和应力管。

电力电缆线芯部分的洁净程度会直接影响到电缆终端头的制作质量。所以应戴干净手套用四氯乙烯清洗剂清除线芯表面的绝缘油及其他杂质。为了改善应力分布,还应在线芯表面涂抹一层半导体硅脂膏,然后用耐油四氟带从三叉根部沿各线芯绝缘的绕包方向分别半叠绕包一层,以起阻油作用。这时就可套入隔油管至三叉根部,用液化气烤枪从三叉根部开始烘烤,先内后外,由下而上均匀加热,使隔油管收缩固定,收缩后的隔油管表面应光亮。将固定好的隔油管表面用净布擦干净后,距统包纸绝缘层 20 mm 处套入应力管,然后用同样方法加热固定。应力管主要用来改善电场分布,使电场均匀以免发生放电击穿事故。

（4）绕包耐油填充胶和固定三叉手套。

如前所述,三叉口处的制作是电缆终端头的关键工艺。由于三叉口处易形成气隙,场强集中,极易发生绝缘击穿事故,所以须采用耐油填充胶填充,受热后使其与相邻材料紧密粘结,达到消除气隙和加强绝缘的目的,同时还具有一定的堵油作用。在应力管下口到喇叭口下 10 mm 部分用填充胶绕包,用竹钎将线芯分叉口压满填实。然后再在喇叭口上部继续绕包填充胶成橄榄状,使其最大直径约为电缆直径的 1.5 倍。

这时即可套入三叉手套,应使指套根部紧靠三叉根部,可用布带向下勒压。加热时先从三叉根部开始,待三叉根部一圈收紧后再自下而上均匀加热,使其全部缩紧。由于三叉手套是由低阻材料制成的,这样就可使应力管与接地线有一良好的电气通路,实现良好接地,同时也保证了电缆端部的密封。

（5）压接线端子和固定绝缘管

根据接线端子孔深加 5 mm 来确定剥除缆芯端部绝缘层的长度,将绝缘层削成"铅笔头"形状,套入接线端子并用液压钳压接。然后再用耐油填充胶在"铅笔头"处绕包成橄榄状,要求绕包住隔油管和接线端子各 10 mm,以达到堵油和密封的效果。将绝缘管套至三叉口根部,上端应超过耐油填充胶 10 mm,再用同样方法由下而上均匀加热,使绝缘套管收缩贴紧。如果再套入密封管、相色管后,户内油浸式电缆终端头即制作完成。

对于室外油浸式电缆终端头,还需安装固定三孔、单孔防雨裙,其安装固定方法与 10 kV 交联电缆终端头的三孔、单孔防雨裙固定方法相同,如图 5-9 所示。此外,还有安装更为便捷的冷缩式橡塑型电缆头附件 QS2000 系列,使用时无须用专用工具和热源,尤其在易燃易爆等禁火场所中使用更有其优越性。例如,将冷缩铸模套管套入电缆适当位置,把塑胶内管拉出后,冷缩铸模绝缘套管即收缩而与电缆外表面贴紧,具有绝缘性好、耐潮湿、耐高温、耐腐蚀、一种型号适用于多种电缆线径和安装便利等优点。主电缆在电缆井中通过支架和马鞍形线夹安装固定,分支电缆与主电缆的连接则是由专用模压分支连接在插件,安装工艺简单,供电可靠。

**图 5-9 油浸纸绝缘电线
热缩型户外式终端头**

端子
密封管
绝缘管
单孔防雨裙
三孔防雨裙
手套
铠装
麻被护层
铅包
接地线

三、电力电缆试验

电缆敷设属于隐蔽工程,而电缆中间接头、终端头往往是电缆线路中的故障多发点,所以只有严格按有关规范规定的要求对电缆及电缆头进行试验,才能保证输配电系统安全运行。电力电缆试验分为竣工交接试验和投入运行后定期试验,以检查电缆的绝缘性能和耐压能力。新敷设的电缆线路应在竣工时和投入运行两个月后各试验一次,以后每年定期进行一次试验。其试验内容主要包括以下内容。

1. 绝缘电阻测量

根据所规定的各种电压等级电气设备的绝缘电阻标准,可选择合适量程的兆欧表。在表 5-11 中列出部分电气设备、器件的兆欧表选择范围,在表 5-12 中列出交联电力电缆允许绝缘电阻的最小值。对于油浸纸绝缘电力电缆,额定电压 1~3 kV,绝缘电阻 $R_j \geqslant 50$ MΩ;额定电压不小于 6 kV,绝缘电阻 $R_j \geqslant 100$ MΩ。测量 1 kV 及以上的电力电缆绝缘电阻时,可选用 2.5~5 kV 的兆欧表,测量 1 kV 以下电力电缆绝缘电阻时,则选用 0.5~1 kV 的兆欧表。

表 5-11　　　　测量部分电气设备、器件绝缘电阻时兆欧表选用范围

被测设备或器件	额定电压/V	兆欧表工作电压/kV
一般线圈	<500	0.5
	≥500	1.0

续表

被测设备或器件	额定电压/V	兆欧表工作电压/kV
发电机绕组	≤380	1.0
变压器、电机绕组	≤380	0.5
	≥500	1.0～2.5
其他电气设备	<500	0.5～1.0
	≥500	2.5
刀闸开关、母线、绝缘子	—	2.5～5.0

表 5-12　　　　　　交联聚乙烯绝缘电力电缆允许绝缘电阻最小值　　　　（单位：MΩ）

额定电压/kV	电缆截面/mm²		
	16～35	50～95	120～124
6～10	2000	1500	1000
20	3000	2500	2000
35	3500	3000	2500

在测量电缆线间或某相对铠装及地的绝缘电阻时,须先将电缆的电源切断,与所连接的电气设备或线路断开,再将兆欧表的"线"端与待侧电缆的某相缆芯连接,兆欧表的"地"端与另两相缆芯及铠装连接,并以 120 转/分钟转速摇动兆欧表手柄(电动兆欧表则需按动开启按钮),持表针稳定后读取读数即为电缆某一相对另外两相及地的绝缘电阻。注意在换相测量时应对电缆进行充分放电,以保证测量操作人员和设备的安全。

2. 电缆耐压与泄漏电流试验

为了减少电缆线路电感、电容等带来的影响,本试验应采用高压直流电源,如图 5-10 所示。高压试验整流装置主要由自耦变压器 TC_1、轻型 YD 系列高压试验变压器 TM、高压整流元件(高压整流管 U 或高压半导体硅堆)、限流电阻 R 和滤波电容 C 等组成,其输出高压直流电压施加到电缆的某一相与另外两相及地之间。

电力电缆耐压试验标准为①油浸纸绝缘电力电缆额定电压 $V_N=1～10$ kV时,试验电压取 $V_S=6V_N$;额定电压 $V_N=15～35$ kV 时,试验电压取 $V_S=5V_N$,试验持续时间均为 10 分钟。②交联聚乙烯绝缘电力电缆和聚氯乙烯绝缘聚氯乙烯护套电力电缆额定电压 $V_N=1$、6、10、20、35 kV 时,均取 $V_S=2.5V_N$,试验持续时间为 15 分钟。对于 1 kV 以下橡皮绝缘电缆,可不做耐压试验。

在进行耐压试验时,可同时进行泄漏电流试验。如果将屏蔽式高压微安表

图 5-10　电力电缆耐压试验及泄漏电流试验线路

PA 串联在整流装置的正极输出端上,测量精度较高,由于采用了屏蔽措施,故可减少杂散电流的影响。但是,读表操作时较为危险,因此常将微安表串接在整流装置的负极输出端上,虽然测量精度有所降低,但高压微安表可不带屏蔽装置,读表操作也较为安全。

　　试验时可依次施加额定电压的 25%、50%、75% 和 100% 试验电压值,分别读表记录相应的泄漏电流值,以判断电缆是否受潮,质量是否符合规范规定要求。在表 5-13 中列出了长度 $L \leqslant 250$ m 油浸纸绝缘电力电缆的最大允许泄漏电流值。如果电缆长度 $L > 250$ m,泄漏电流允许值可按电缆长度按比例增加。对于质量优良的电缆,在试验时确保正确接线、且使杂散电流减至最小的条件下,在规定试验电压范围内,其泄漏电流与试验电压大小应近似为线性关系。当试验电压 $V_s = (4 \sim 6) V_N$ 时,泄漏电流为 $0.5 \sim 1$ 倍的规定最大允许泄漏电流值。如果泄漏电流超过以上倍数时,或随耐压试验持续时间有上升现象时,就说明电缆存在缺陷。这时可适当提高试验电压或延长耐压试验持续时间,以进一步判断电缆存在的故障问题。

表 5-13　　　　　　油浸纸绝缘电力电缆最大允许泄漏电流

电缆芯数	三　　根					单　　根		
额定电压/ kV	3	6	10	20	35	3	6	10
泄漏电流/μA	24	30	60	100	115	30	45	70

注:L 应不大于 250 m。

第三节　室内配线安装工程

　　安装在室内的导线以及它们的支持物、固定用配件,总称为室内配线。室内配线分明敷和暗敷两种,明敷就是将导线沿屋顶、墙壁敷设,暗敷就是将导线在墙壁内、地面下及顶棚上等看不到的地方敷设。室内配线的敷设要求如下。

(1)必须采用绝缘导线。

(2)进户线过墙应穿管保护,距地面不得小于 2.5 m,并应采取防雨措施,进户线的室外端应采用绝缘子固定。

(3)室内配线只有在干燥场所才能采用绝缘子或瓷(塑料)夹明敷,导线距地面高度:水平敷设时,不得小于 2.5 m;垂直敷设时,不得小于 1.8 m,否则应用钢管或槽板加以保护。

(4)室内配线所用导线截面,应根据用电设备的计算负荷确定,但铝线截面不得小于 2.5 mm²,铜线截面不得小于 1.5 mm²。

(5)绝缘导线明敷时,采用钢索配线的吊架间距不宜大于 12 m,采用绝缘子或瓷(塑料)夹固定导线时,导线及固定点间的允许距离见表 5-14,采用护套绝缘导线时,允许直接敷设于钢索上。

表 5-14 室内采用绝缘导线明敷时导线及固定点间的允许距离

布线方式	导线截面 /mm²	固定点间最大允许距离 /mm	导线线间最小允许距离 /mm
瓷(塑料)夹	1～4	600	
	6～10	800	
用绝缘子固定在支架上布线	2.5～6	<1500	35
	6～25	1500～3000	50
	25～50	3000～6000	70
	50～95	>6000	100

(6)凡明敷于潮湿场所和埋地的绝缘导线配线均应采用水、煤气钢管,明敷或暗敷于干燥场所的绝缘导线配线可采用电线钢管,穿线管应尽可能避免穿过设备基础,管路明敷时其固定点间最大允许距离应符合表 5-15 的规定。

表 5-15 金属管固定点间的最大允许距离 (单位:mm)

公称口径/m	15～20	25～32	40～50	70～100
煤气管固定点间距离	1500	2000	2500	3500
电线管固定点间距离	1000	1500	2000	

(7)室内埋地金属管内的导线,宜用塑料护套塑料绝缘导线。

(8)金属穿线管必须作保护接零。

(9)在有酸碱腐蚀的场所,以及在建筑物顶棚内,应采用绝缘导线穿硬质塑料管敷设,其固定点间最大允许距离应符合表5-16的规定。

表5-16　　　　　　　　塑料管固定点间的最大允许距离　　　　　　　（单位:mm）

公称口径/mm	20 及以下	25～40	50 及以上
最大允许距离/mm	1000	1500	2000

(10)穿线管内导线的总截面积(包括外皮)不应超过管内径截面积的40%。

(11)当导线的负荷电流大于25A时,为避免涡流效应,应将同一回路的三相导线穿于同一根金属管内。

(12)不同回路、不同电压及交流与直流的导线,不应穿于同一根管内,但下列情况除外。

1)供电电压在50 V 及以下者。

2)同一设备的电力线路和无须防干扰要求的控制回路。

3)照明花灯的所有回路,但管内导线总数不应多于8根。

第四节　硬母线安装

变配电装置的配电母线,一般由硬母线制作,又称汇流排,其材料多采用铝板材。

硬母线的安装工序主要包括母线矫正、测量、下料、弯曲、钻孔、接触面加工、连接安装和刷漆涂色等。

一、母线材料检验

母线在加工前,应检验母线材料是否有出厂合格证,无合格证的,应做抗拉强度、延伸率及电阻率的试验。

(1)外观检查:母线材料表面不应有气孔、划痕、坑凹、起皮等质量缺陷。

(2)截面检验:用千分尺抽查母线的厚度和宽度(应符合标准截面的要求),硬铝母线的截面误差不应超过3%。

(3)抗拉极限强度:硬铝母线的抗拉极限强度应为12 kg/mm² 以上。

(4)电阻率:温度为20 ℃时,铝线的电阻率应为 $\rho = 0.0295 \times 10^{-6} \Omega \cdot m$。

(5)延伸率:铝母线的延伸率为4%～8%。

二、母线的矫正

母线材料要求平直,对弯曲不平的母线应进行矫正,其方法有手工矫正和机械矫正。手工矫正时,可将母线放在平台上或平直、光滑、洁净的型钢上,用硬质木锤直接敲打,如弯曲较大,可在母线弯曲部位垫上垫块(如铝板、木板等)用大锤间接敲打。对于截面较大的母线,可用母线矫正机进行矫正。

三、测量下料

母线在下料前,应在安装现场测量母线的安装尺寸,然后根据实测尺寸下料。若安装的母线较长,可在适当地点进行分段连接,以便检修时拆装,并应尽量减少母线的接头和弯曲数量。

四、母线的弯曲

母线的弯曲一般有平弯(宽面方向弯曲)、立弯(窄面方向弯曲)、扭弯(麻花弯)和折弯(等差弯)四种形式,其尺寸要求如图 5-11 所示。

(1)母线平弯。母线平弯时可用平弯机,如图 5-12 所示。操作时,将需要弯曲的部位划上记号,再把母线插入平弯机的两个滚轮之间,位置调整无误后,拧紧压力丝杠,慢慢压下平弯机手柄,使母线平滑弯曲。

图 5-11 母线的弯曲

L—母线两支持点间的距离;a—母线宽度;
b—母线厚度;R—母线弯曲半径
(a)平弯;(b)立弯;(c)扭弯;(d)折弯

图 5-12 母线平弯机

弯曲小型母线时可使用台虎钳。先将母线置于台虎钳口中(钳口上应垫以垫板),然后用手扳动母线,使母线弯曲到需要的角度,母线弯曲的最小允许弯曲半径应符合表 5-17 的要求。

表 5-17　　　　　　　　硬母线最小弯曲半径

母线截面尺寸 $a \times b$	平弯最小弯曲半径/mm			立弯最小弯曲半径/mm		
	铜	铝	钢	铜	铝	钢
<(50 mm×5 mm)	$2b$	$2b$	$2b$	$1a$	$1.5a$	$0.5a$
<(120 mm×10 mm)	$2b$	$2.5b$	$2b$	$1.5a$	$2a$	$1a$

注:a—母线宽度;b—母线厚度。

（2）母线立弯。母线立弯时可用立弯机，如图5-13所示。先将母线需要弯曲部分套在立弯机的夹板4上，再装上弯头3，拧紧夹板螺栓8，调整无误后，操作千斤顶1，使母线弯曲。

（3）母线扭弯。母线扭弯时可用扭弯器，如图5-14所示。将母线扭弯部分的一端夹在台虎钳口上（钳口垫以垫板），在距钳口大于母线宽度的2.5倍处，用母线扭弯器夹住母线，用力扭动扭弯器手柄，使母线弯曲到需要的形状为止。

（4）母线折弯。母线折弯可用弯模，如图5-15所示。加压成形，也可用手工在台虎钳上敲打成形。用弯模时，先将母线放在弯模中间槽的钢框内，再用千斤顶或其他压力设备加压成形。

图 5-13　母线立弯机

1—千斤顶；2—槽钢；3—弯头；

4—夹板；5—母线；6—挡头；

7—角钢；8—夹板螺栓

图 5-14　母线扭弯器

图 5-15　弯模

五、钻孔

母线连接或母线与电气设备连接所需要的拆卸接头，均用螺栓搭接紧固。所以，凡是用螺栓固定的地方都要在母线上事先钻好孔眼，其钻孔直径应大于螺栓直径1 mm。

六、接触面的加工连接

（1）接触面应加工平整，并需消除接触表面的氧化膜。在加工处理时，应保证导线的原有截面积，其截面偏差：铜母线不应超过原截面的3%，铝母线不应超过5%。

（2）母线接触表面加工处理后，应使接触面保持洁净，并涂以中性凡士林或复合脂，使触头免于氧化。各种母线或导电材料连接时，接触面还应做如下处理。

1）铜-铜：在干燥室内可直接连接，否则接触面必须搪锡。

2）铝-铝：可直接连接，有条件时宜搪锡。

3）钢-钢：在干燥室内导体应搪锡，否则应使用铜铝过渡段。

4)钢-铝或铜-钢:搭接面必须搪锡。

搪锡的方法是先将焊锡放在容器内,用喷灯或木炭加热熔化;再把母线接触端涂上焊锡膏浸入容器中,使锡附在母线表面。母线从容器中取出后,应用抹布擦拭干净,去掉杂物。

母线接触面加工处理完毕后,才能将母线用镀锌螺栓依次连接起来。

七、母线安装

先在支持绝缘子上安装母线的固定金具,然后将母线固定在金具上。其固定方式有螺栓固定、卡板固定和夹板固定,如图 5-16 所示。

图 5-16 母线的安装固定

(a)螺栓固定;(b)卡板固定;(c)夹板固定

(1)安装要求。水平安装的母线,应在该金具内自由收缩,以便当母线温度变化时使母线有伸缩余地,不致拉坏绝缘子。垂直安装时,母线要用金具夹紧。当母线较长时,应装设母线补偿器(也称伸缩节),以适应母线温度变化的伸缩需要。一般情况下,铝母线在 20~30 m 左右处装设一个,铜母线为 30~50 m,钢母线为 35~60 m。

母线连接螺栓的紧密程度应适宜。拧得过紧时,母线接触面的承受压力差别太大,以至当母线温度变化时,其变形差别也随之增大,使接触电阻显著上升;太松时,难以保证接触面的紧密度。

(2)安装固定。母线的固定方法有螺栓固定、卡板固定和夹板固定。

1)螺栓固定的方法是用螺栓直接将母线拧在绝缘子上,母线钻孔应为椭圆形,以便作中心度调整。其固定方法如图5-16(a)所示。

2)卡板固定是先将母线放置于卡板内,待连接调整后,再将卡板按顺时针方向旋转,以卡住母线,如图5-16(b)所示。如为电车绝缘子,其安装如图5-17所示。

图5-17　电车绝缘子固定母线

3)用夹板固定的方法无需在母线上钻孔。先用夹板夹住母线,然后在夹板两边用螺栓固定,并且夹板上压板应与母线保持1～1.5 mm的间隙,当母线调整好(不能使绝缘子受到任何机械应力)后再进一步紧固,如图5-16(c)所示。

(3)母线补偿器的安装。母线补偿器多采用成品伸缩补偿器,也可由现场制作。它由厚度为0.2～0.5 mm的薄铜片叠合后与铜板或铝板焊接而成,其组装后的总截面不应小于母线截面的1.2倍。母线补偿器间的母线连接处,开有纵向椭圆孔,螺栓不能拧紧,以供温度变化时自由伸缩。

八、母线拉紧装置

当硬母线跨越柱、梁或跨越屋架敷设时,线路一般较长,因此,母线在终端及中间端处,应分别装设终端及中间拉紧装置。母线拉紧装置一般可先在地面上组装好后,再进行安装。拉紧装置的一端与母线相连接,另一端用双头螺柱固定在支架上。母线与拉紧装置螺栓连接处应使用止退垫片,螺母拧紧后卷角,以防止松脱。

九、母线排列和刷漆涂色

母线安装时要注意相序的排列,母线安装完毕后,要分别刷漆涂色。

(1)母线排列。一般由设计规定,如无规定时,应按下列顺序布置。

1)垂直敷设。交流L1、L2、L3相的排列由上而下;直流正、负极的排列由上而下。

2)水平敷设。交流L1、L2、L3相的排列由内而外(面对母线,下同);直流正、负极的排列由内而外。

3)引下线。交流L1、L2、L3相的排列由左而右(从设备前正视);直流正、负极的排列由左而右。

（2）母线涂色。母线安装完毕后,应按规定刷漆涂色。

第五节 支持绝缘子、穿墙套管安装

一、支持绝缘子安装

支持绝缘子一般安装在墙上、配电柜金属支架或建筑物的构件上,用以固定母线或电气设备的导电部位,并与地绝缘。

（1）支架制作。支架应根据设计施工图制作,通常用角钢或扁钢制成。加工支架时,其螺孔宜钻成椭圆孔,以便进行绝缘子中心距离的调整(中心偏差不应大于 2 mm)。支架安装的间距要求是：母线为水平敷设时,一般不超过 3 m；垂直敷设时,不应超过 2 m；或根据设计确定。

（2）支架安装。支架安装的步骤一般是首先安装首尾两个支架,以此为固定点,拉一直线,然后沿线安装,使绝缘子中心在同一条直线上。支架安装方法如图 5-18 所示。

图 5-18 绝缘子支架安装

(a)低压绝缘子支架水平安装图；(b)高压绝缘子支架水平安装图；
(c)低压绝缘子支架垂直安装图；(d)高压绝缘子支架垂直安装图

（3）绝缘子的安装。安装绝缘子时,应检查绝缘子有无裂缝(纹)、缺损等质量缺陷,是否符合母线和支架的型号规格要求。如采用电车绝缘子,其胶合和安装方法可参照滑触线支撑绝缘子进行。

二、穿墙套管和穿墙板安装

穿墙套管和穿墙板是高低压引入(出)室内或导电部分穿越建筑物时的引导

元件。高压母线或导线穿墙时,一般采用穿墙套管;低压母线排穿墙时,一般采用母线穿墙板。

(1)10 kV 穿墙套管的安装。穿墙套管按安装场所分为室内型和室外型;按结构分为铜导线穿墙套管和铝排穿墙套管。

其安装方法:土建施工时,在墙上留一长方形孔,在长方孔上预埋一个角铁框,以固定金属隔板,套管则固定在金属隔板上,如图5-19所示。也有的在土建施工时预埋套管螺栓和预留3个穿套管用的圆孔,将套管直接固定在墙上(通常在建筑物内的上下穿越时使用)。

图 5-19　穿墙套管安装图

(2)低压母线穿墙板的安装。穿墙板的安装与穿墙套管相类似,只是穿墙板无需套管,并将角铁框上的金属隔板换成上、下两部分的绝缘隔板,其安装如图5-20所示。穿墙板一般装设在土建隔墙的中心线,或装设在墙面的某一侧。

图 5-20　低压母线穿墙板安装图

(3)安装要求。

1)同一水平线垂直面上的穿墙套管应位于同一平面上,其中心线的位置应符合设计要求。

2)穿墙套管垂直安装时,法兰盘应装设在上面;水平安装时,法兰盘应装设在外面,安装时不能将套管法兰盘埋入建筑物的构件内。

3)穿墙套管安装板孔的直径应大于套管嵌入部分 5 mm。

4)穿墙套管的法兰盘等不带电的金属构件均应做接地处理。

5)套管在安装前,最好先经工频耐压试验合格,也可用 1000 V 或 2500 V 的摇表测定其绝缘电阻(应大于 1000 MΩ),以免安装后试验不合格。

(4)熔丝的规格。其规格应符合设计要求,并无弯折、压扁或损伤,熔体与熔丝应压接紧密。

第六章 电气照明安装工程

第一节 常用照明器的安装与选用

一、常用照明器的悬挂高度

照明器的悬挂高度主要考虑防止眩光,保证照明质量和安全,照明器距地面最低悬挂高度见表 6-1。

表 6-1 　　　　　　　　照明灯具距地面最低悬挂高度的规定

光源种类	灯具形式	光源功率/W	最低悬挂高度/m①
白炽灯	有反射罩	≤60	2.0
		100~150	2.5
		200~300	3.5
		≥500	4.0
	有乳白玻璃反射罩	≤100	2.0
		150~200	2.5
		300~500	3.0
卤钨灯	有反射罩	≤500	6.0
		1000~2000	7.0
荧光灯	无反射罩	<40	2.0
		≥40	3.0
	有反射罩	≥40	2.0
荧光高压汞灯	有反射罩	≤125	3.5
		250	5.0
		≥400	6.5
高压汞灯	有反射罩	≤125	4.0
		250	5.5
		≤400	6.5
金属卤化物灯	搪瓷反射罩	400	6.0
	铝抛光反射罩	1000②	14.0
高压钠灯	搪瓷反射罩	250	6.0
	铝抛光反射罩	400	7.0

注:①表中规定的灯具最低悬挂高度在下列情况可降低 0.5 m,但不应低于 2 m。(1)一般照明的照度低于 30lx 时;(2)房间长度不超过灯具悬挂高度的 2 倍;(3)人员短暂停留的房间。
　②当有紫外线防护措施时,悬挂高度可适当降低。

二、常用照明器的选用

照明器的选用应根据照明要求和使用场所的特点,一般考虑如下。

(1)照明开闭频繁,需要及时点亮,需要调光的场所,或因频闪效应影响视觉效果的场所,宜采用白炽灯或卤钨灯。

(2)识别颜色要求较高、视看条件要求较好的场所,宜采用日光色荧光灯、白炽灯和卤钨灯。

(3)振动较大的场所,宜采用荧光高压汞灯或高压钠灯,有高挂条件并需要大面积照明的场所,宜采用金属卤化物灯或长弧氙灯。

(4)对于一般性生产用工棚间、仓库、宿舍、办公室和工地道路等,应优先考虑选用投资低廉的白炽灯和日光灯。

三、照明器安装一般要求

(1)安装的照明器应配件齐全,无机械损伤和变形,灯罩无损坏。

(2)螺口灯头接线必须相线接中心端子,零线接螺纹端子。灯头不能有破损和漏电。

(3)照明器使用的导线最小线芯截面应符合表 6-2 的规定。截面允许载流量必须满足灯具要求。

表 6-2 　　　　　　　　　　　　**线芯最小允许截面**

安装场所及用途		线芯最小截面/mm²		
		铜芯敷线	铜　线	铝　线
照明灯头线	(1)民用建筑室内	0.4	0.5	1.5
	(2)工业建筑室内	0.5	0.8	2.5
	(3)室外	1.0	1.0	2.5
移动式用电设备	(1)生活用	0.2	—	—
	(2)生产用	1.0	—	—

(4)灯具安装高度:室内一般不低于 2.5 m;室外不低于 3 m。灯具安装高度如不能满足要求,而且又无安全措施等应采用 36 V 及以下安全电压。

(5)配电屏的正上方不得安装灯具,以免造成眩光,影响对屏上仪表等设备的监视和抄读。

(6)软线吊灯重量限于 1 kg 以下,灯具重量超过 1 kg 时,应采用吊链或钢管吊装灯具。采用吊链时,灯线宜与吊链编叉在一起。

(7)事故照明灯具应有特殊标志。

第二节　室外照明

现场照明的质量保证和基本条件就是要保证电压的正常和稳定。电压偏低与偏移会造成光线灰暗,影响施工;电压过高会使灯具过亮,发出很强的眩光,使施工人员难以适应,也会造成灯具寿命缩短甚至当即烧毁。因此对照明线路的设置有相关要求。

一、照明灯具电源末端的电压偏移要求

(1)一般工作场所(室内或室外),电压偏移允许为额定电压值的-5%~5%。远离电源的小面积工作场所,电压偏移值允许为额定电压值的-10%~5%(见表6-3)。

表6-3　　　　　　　各种用电设备端允许的电压偏移范围

用电设备种类及运转条件			允许电压偏移值/(%)	
			一	+
电动机			5	5
起重电动机(起动时校验)			15	
电焊设备(在正常尖峰焊接电流时持续工作)			8~10	
照明	室内照明在视觉要求较高的场所	白炽灯	2.5	5
		气体放电灯	2.5	5
	室内照明在一般工作场所		6	
	露天工作场所		5	
	事故照明、道路照明、警卫照明		10	
	12~36V照明		10	

(2)道路照明、警卫照明或额定电压为220V的照明,电压偏移值允许为额定电压值的-10%~5%。

为了保证电压的正常和稳定应做到:现场配电、用电力求三相平衡;根据照明负荷合理选择导线;经常检修使线路保持完好。

二、常用照明器的选择、照明线路的排设要求

施工现场的一般场所宜选用额定电压为220V的照明器。为了便于作业和活动,在一个工作场所内,不得只装设局部照明。局部照明是指仅供局部工作地点(分固定或携带式)的照明。停电后,操作人员需及时撤离现场的特殊工程,必

须装设自备电源的应急照明。

1. 照明器使用的环境条件

(1)正常湿度时,选用开启式照明器;

(2)在潮湿或特别潮湿的场所,选用密闭型防水防尘照明器或配有防水灯头的开启式照明器;

(3)含有大量尘埃但无爆炸和火灾危险的场所,采用防尘型照明器;

(4)对有爆炸和火灾危险的场所,必须按危险场所等级选择相应的照明器;

(5)在有振动较大的场所,应选用防振型照明器;

(6)对有酸碱等强腐蚀的场所,应采用耐酸碱型照明器。

2. 特殊场合照明器

(1)隧道、人防工程,有高温、导电灰尘或灯具离地面高度低于 2.4 m 等场所的照明,电源电压应不大于 36 V;

(2)在潮湿和易触及带电体场所的照明电源电压不得大于 24 V;

(3)在特别潮湿的场所,导电良好的地面、锅炉或金属容器内工作的照明电源电压不得大于 12 V。

3. 行灯使用要求

(1)电源电压不得超过 36 V;

(2)灯体与手柄应坚固、绝缘良好并耐热耐潮湿;

(3)灯头与灯体结合牢固,灯头上无开关;

(4)灯泡外面有金属保护网;

(5)金属网、泛光罩、悬挂吊钩固定在灯具的绝缘部位上。

4. 照明系统中灯具、插座的数量

在照明系统的每一单相回路中,灯具和插座的数量不宜超过 25 个,并应装设熔断电流为 15A 及 15A 以下的熔断器保护。一方面是为了三相负荷的平均分配,另一方面也为了便于控制,防止互相影响。

5. 照明线路

施工现场照明线路的引出处,一般从总配电箱处单独设置照明配电箱。为了保证三相平衡,照明干线应采用三相线与工作零线同时引出的方式,也可以根据当地供电部门的要求和工地具体情况,照明线路也可从配电箱内引出,但必须装设照明分路开关,并注意各分配电箱引出的单相照明应分相接地,尽量做到三相平衡。

工作零线截面的选择:

(1)单相及两相线路中,零线截面与相线截面相同;

(2)三相四线制线路中,当照明器为白炽灯时,零线截面按相线载流量的50%选择;当照明器为气体放电灯时,零线截面按最大负荷相的电流选择;

（3）在逐相切断的三相照明电路中，零线截面与相线截面相同；若数条线路共用一条零线时，零线截面按最大负荷相的电流选择。

6. 室外照明装置

（1）照明灯具的金属外壳必须作保护接零。单相回路的照明开关箱（板）内必须装设漏电保护器。

（2）室外灯具距地面不得低于 3 m，钠等金属卤化物灯具的安装高度应在离地 5 m 以上；灯线应固定在接线柱上，不得靠灯具表面；灯具内接线必须牢固。

（3）路灯的每个灯具应单独装设熔断器保护。灯头线应做防水弯。

（4）荧光灯管应用管座固定或用吊链。悬挂镇流器不得安装在易燃的结构上。露天设置应有防雨措施。

（5）投光灯的底座应安装牢固，按需要的光轴方向将枢轴拧紧固定。

（6）施工现场夜间影响飞机或车辆通行的在建工程设备（塔式起重机等高突设备），必须安装醒目的红色信号灯，其电源线应设在电源总开关的前侧。这主要是保持夜间不因工地其他停电而红灯熄灭。

第三节　室内照明装置

一、室内照明灯具的选择及接线的要求

（1）室内灯具装设不得低于 2.4 m。

（2）室内螺口灯头的接线。相线接在与中心触头相连的一端，零线接在与螺纹口相连接的一端；灯头的绝缘外壳不得有破损和漏电。

（3）在室内的水磨石、抹灰现场，食堂、浴室等潮湿场所的灯头及吊盒应使用瓷质防水型，并应配置瓷质防水拉线开关。

（4）任何电器、灯具的相线必须经开关控制，不得将相线直接引入灯具、电器。

（5）在用易燃材料作顶棚的临时工棚或防护棚内安装照明灯具时，灯具应有阻燃底座，或加阻燃垫，并使灯具与可燃顶棚保持一定距离，防止引起火灾。对安装在易燃材料存放的场所和危险品仓库的照明器材，应选用符合防火要求的电器器材或采取其他防护措施。

（6）工地上使用的单相 220 V 生活用电器如食堂内的鼓风机、电风扇、电冰箱应使用专用漏电保护器控制，并设有专用保护零线。电源线应采用三芯的橡皮电缆线。固定式应穿管保护，管子要固定。

二、开关及电器的设置要求

（1）暂设工程的照明灯宜采用拉线开关。开关距地面高度为 2.3 m；与出、

入口的水平距离为 0.15~0.2 m。拉线的出口应向下。

（2）其他开关距地面高为 1.3 m，与出、入口的水平距离为 0.15~0.2 m。

（3）对民工的临时宿舍内的照明装置及插座要严格管理。如有必要可对民工宿舍的照明采用 36 V 安全电压照明。防止民工私拉、乱接电炊具或违章使用电炉。

（4）如照明采用变压器必须使用双绕组型，严禁使用自耦式变压器，携带式变压器的一次侧电源引线应采用橡皮护套电缆或塑料护套软线。其中黄/绿双色线作保护零线用，中间不得有接头，长度不宜超过 3 m，电源插销应选用有接地触头的插销。

（5）为移动式电器和设备提供电源的插座必须安装牢固，接线正确，插座容量一定要与用电设备容量一致，单相电源应采用单相三孔插座，三相电源应采用三相四孔插座，不得使用等边圆孔插座。单相三孔插座接线时，面对插座左孔接工作零线，右孔接相线，上孔接保护零线或接地线，严禁将上孔与左孔用导线相连接；三相四孔插座接线时，面对插座左孔接 A 相线，下孔接 B 相线，右孔接 C 相线，上孔接保护零线或接地线（见图 6-1）。

图 6-1　插座接线

现场照明中应严格做到：手持式照明必须采用安全电压；危险场所必须使用安全电压；电线如发现老化、绝缘破损应及时调换；电源线按规范安装，杜绝乱拖乱拉；照明线路及灯具的安装距离严格按规定安装。这样才能做到安全、文明用电。

第四节　线路的检测与通电试验

一、绝缘电阻试验

在线路通电试验之前，应先用兆欧表检测线路的绝缘电阻，其中包括线对线、线对地、用电器具金属外壳等对地的绝缘电阻。在测量绝缘电阻时应先切断进线电源，卸下保护接零（或保护接地）线，拉开各个用电器具（如灯具、风扇、空调器及其他家用电器等）的控制开关，或者卸下用电器具。然后选用 500 V 兆欧表，在合上各分路的开关后进行测试。对于 380/220 V 供电线路来说，绝缘电阻应不小于 0.5 MΩ。如果绝缘电阻过低,可逐个拉开分路的开关,当拉开某一分路的开关后绝缘电阻增大到规定值时,则表明该分路中存在故障,可能是线路中某处绝缘损坏或受潮,则应集中对该故障线路进行检查或更换某段线路、器件等。

如果有条件的话,最好在绝缘电阻检查合格后再进行一次耐压试验。可选用 JGS-2 型晶体管高压试验器对室内供电线路及设备进行直流耐压试验,试验电压 1 kV,持续时间为 3 分钟,以进一步检查考核线路的绝缘性能。

二、测量重复接地装置的接地电阻

接地工程可能是由多个接地装置构成的,所以在测量接地装置的接地电阻时应先将所测接地装置的断接卡子卸掉,再用接地电阻测量仪测量该接地装置的接地电阻。如果所测接地电阻未达到设计要求,则应增加接地极,土壤电阻率过大(如 $\rho \geqslant 500\Omega \cdot m$)时,则应采取降低接地电阻措施。

三、对电度表进行接线检查

电度表的接线比较复杂,易于接错,应根据附在电表上的说明书和接线图,认真校对其进线、出线是否连接正确。应将电流、电压线圈"*"端连接到电源的同一极性端上,对于三相电度表,接线时还应注意电源的相序。经反复检查校对接线无误后,才能合闸通电运行。

四、线路通电检查

在上述检查合格后,即可进行线路通电检查。其操作顺序如下:

①安装好所有用电器具,并拉开所有用电器具的控制开关,分路开关,总开关;②合上总开关,检查电源相序及电源电压是否正常;③逐路合上分路开关,并用验电笔检查各用电器具及金属外壳是否带电,以 TN-C 系统为例,如果用电器具的金属外壳带电,则说明其控制开关接错,即相线未经过控制开关而直接接入用电负荷,或开关漏电,在排除故障以后,再逐个合上各用电器具的控制开关,检查用电器具及其线路是否存在故障,用电器具的工作状态是否正常;④检查室内照明灯具的照度是否符合设计要求,弦光是否在允许范围以内;⑤检查各灯具的装饰作用,是否与室内环境相协调;⑥在检查插座接线正确的基础上,接通电源,再用测电笔逐个检查插座接线是否符合规定要求。

第七章　低压电器安装工程

第一节　配电电器安装

一、低压熔断器

低压熔断器的安装要求如下。

(1)低压熔断器的型号、规格应符合设计要求。各级熔体应与保护特性相配合。用于保护照明和热电电路:熔体的额定电流不小于所有电具额定电流之和。用于单台电机保护:熔体的额定电流大于等于$(2.5\sim3.0)\times$电机的额定电流。用于多台电机保护:熔体额定电流大于等于$(2.5\sim3.0)\times$最大容量一台额定电流＋其余各台的额定电流之和。

(2)低压熔断器安装,应符合施工质量验收规范的规定。安装的位置及相互间距应便于更换熔体。低压熔断器宜于垂直安装。

(3)低压断路器与熔断器配合使用时,熔断器应安装在电源一侧。

(4)熔断器的安装位置及相互间距离,应便于更换熔体。

(5)安装有熔断指示器的熔断器,其指示器应装在便于观察的一侧。

(6)安装瓷插式熔断器在金属底板上时,其底座应设置软绝缘衬垫。将熔体装在瓷插件上,是最常用的一种熔断器。但由于其灭弧能力差,极限分断能力低,所以,只适用于负载不大的照明线路中。

(7)安装几种规格的熔断器在同一配电板上时,应在底座旁标明熔断器的规格。

(8)对有触及带电部分危险的熔断器,应配齐绝缘抓手。

(9)安装带有接线标志的熔断器,电源配线应按标志进行接线。

(10)螺旋式熔断器安装时,底座固定必须牢固,电源线的进线应接在熔芯引出的端子上,出线应接在螺纹壳上,以防调换熔体时发生触电事故。

二、低压断路器

1. 低压断路器安装要求

(1)低压断路器的型号、规格应符合设计要求。

(2)低压断路器安装,应符合产品技术文件,以及施工验收规范的规定。低压断路器宜垂直安装,其倾斜度不应大于5°。

(3)低压断路器与熔断器配合使用时,熔断器应安装在电源一侧。

(4)操作机构的安装,应符合以下要求。

1)操作手柄或传动杠杆的开、合位置应正确。操作用力不应大于技术文件的规定值。

2)电动操作机构接线应正确。在合闸过程中开关不应跳跃。开关合闸后,限制电动机或电磁铁通电时间的连锁装置应及时动作。电动机或电磁铁通电时间不应超过产品的规定值。

3)开关辅助接点动作应正确可靠,接触良好。

4)抽屉式断路器的工作、试验、隔离三个位置的定位应明显,并应符合产品技术文件的规定。于空载时进行抽、拉数次应无卡阻,机械连锁应可靠。

2. 低压断路器的接线

(1)裸露在箱体外部易于触及的导线端子,必须加以绝缘保护。

(2)有半导体脱扣装置的低压断路器的接线应符合相序要求。脱扣装置的动作应灵活可靠。

3. 直流快速断路器安装、调试和试验

(1)直流快速断路器的型号、规格应符合设计要求。

(2)安装时应防止倾斜,其倾斜度不应大于 5°,所以应严格控制底座的平整度。

(3)安装时应防止断路器倾倒、碰撞和激烈震动。基础槽钢与底座间应按设计要求采取防震措施。

(4)断路器极间的中心距离以及与相邻设备和建筑物之间的距离,应符合表7-1的规定。

表 7-1 断路器安装与相邻(建筑物)设备距离

断路器安装与相邻物	安装的距离/mm
断路器极间中心距离及与相邻设备和建筑物间的距离 灭弧室上方应留空间	≥500(当不能满足要求时,应加装高度不小于单极开关总高度的隔弧板) ≥1000,当不能满足要求时: (1)在开关电流 3000A 以下断路器的灭弧室上方 200 mm 处,应加装隔弧板 (2)在开关电流 3000A 及以上断路器的灭弧室上方 500 mm 处,应加装隔弧板

(5)灭弧室绝缘性能室内的绝缘衬件必须完好,电弧通道应畅通。

(6)触头的压力、开距、分断时间及主触头调整后灭弧室支持螺杆与触头间

的绝缘电阻应符合技术标准的要求。

（7）直流快速断路器的接线，应符合以下要求。

1）与母线连接时出线端子不应承受附加应力。母线支点与断路器之间的距离不应小于 1000 mm。

2）当触头及线圈标有正、负极性时，其接线应与主回路极性一致。

3）配线时应使其控制线与主回路分开。

（8）调整和试验应符合以下要求。

1）轴承转动应灵活，润滑剂涂抹均匀。

2）衔铁的吸、合动作均匀。

3）灭弧触头与主触头的动作顺序正确。

4）安装完毕，应按产品技术文件进行交流工频耐压试验，不得有击穿、闪络现象。

5）脱扣装置应按设计要求整定值校验，在短路或模拟短路情况下合闸时，脱扣装置应能立即脱扣。

4. 断路器安装调试

（1）安装在受振动处时，应有减振装置，以防止开关的内部零件松动。

（2）常规应垂直安装，灭弧室应位于上部。

（3）操作机构安装调试应符合以下要求。

1）操作手柄或传动杠杆的开、合位置应正确，操作灵活、动作准确，操作力不应大于允许工作力值。

2）触头在闭合、断开过程中，可动部分与灭弧室的零件不应有卡阻现象。

3）触头接触应紧密可靠，接触电阻小。

（4）运行前和运行中应确保断路器洁净，防止开关触头点发热，以防止酿成不能灭弧而引起相间短路。

三、开关

开关是配电线路中最常用的电器，它起着开关、保护和控制的作用。配电线路开关安装工艺，详见表 7-2。

表 7-2　　　　　　　　　　　配电线路开关安装工艺

序号	名称	安　装　工　艺
1	刀开关	刀开关应垂直安装在开关板上，确保静触头在上方，电源线应接在静触头上，负载线应接在动触头上。 刀开关在合闸时，应保证相位刀片同时合闸，刀片与夹座接触严密。分闸应使相位刀片同步断开，必须保证断开后有一定的绝缘距离

序号	名称	安　装　工　艺
2	负荷开关	负荷开关应垂直安装,手柄向上合闸,严禁倒装或平装。 接线必须将电源线接在开关上方的进线接线座上,负载线接在下方的出线座上。接线时应将螺丝拧紧,尽量减小接触电阻,以免过热损伤导线的绝缘层。 安装时要保证刀片和夹座位置正确,不得歪扭。刀片和夹座接触紧密,夹座保持足够的压力。 熔丝的型号、规格必须符合设计要求
3	铁壳开关	铁壳开关应垂直安装。安装高度常规是离地面 1300～1500 mm 左右,以方便操作和确保安全为准则。 金属部分必须做接地或接零,电阻值应符合设计要求。 开关的铁壳进出线孔应设有保护绝缘垫圈。如采用穿管敷线时,管子应穿入进出线孔,并用管扣螺母拧紧,露出螺纹为 2～4 扣。也可采用金属软管缓冲连接,金属软管的两端接头必须固定牢靠。 接线方式有两种: ①将电源线与开关的静触头相接,负载接开关熔丝下的下柱端头上,在开关拉断后,闸刀与熔丝不带电,确保操作安全; ②将电源线接在熔丝下柱端头上,负载接在静触头上,这种接线方式在开关的闸刀发生故障的熔丝熔断,可立即切断电源。 熔丝的型号、规格必须符合设计要求
4	组合开关	组合开关安装,应将手柄保持水平旋转位置上。 触头接触应紧密可靠

(1)隔离开关与闸刀开关安装。

1)开关应垂直安装在开关板上(或控制屏、箱上),并应使夹座位于上方。

2)开关在不切断电流、有灭弧装置或用于小电流电路等情况下,可水平安装。水平安装时,分闸后可动触头不得自行脱落,其灭弧装置应固定可靠。

3)可动触头与固定触头的接触应密合良好。大电流的触头或刀片宜涂电力复合脂。有消弧触头的闸刀开关,各相的分闸动作应迅速一致。

4)双投刀开关在分闸位置时,刀片应可靠固定,不得自行合闸。

5)安装杠杆操作机构时,应调节杠杆长度,使操作到位、动作灵活、开关辅助接点指示应正确。

6)开关的动触头与两侧压板距离应调整均匀,合闸后接触且应压紧,刀片与静触头中心线应在同一平面内,刀片不应摆动。

(2)闸刀开关用作隔离开关时,合闸顺序为先合上闸刀开关,再合上其他用以控制负载的开关,分闸顺序则相反。

闸刀开关应严格按照技术文件(产品说明书)规定的分断能力来分断负荷,无灭弧罩的刀开关常规不允许分断负载,否则有可能导致稳定持续燃弧,使闸刀开关寿命缩短;严重的还会造成电源短路,开关烧毁,甚至酿成火灾。

(3)直流母线隔离开关安装。

1)无论是垂直安装或水平安装的母线隔离开关,其刀片应垂直于板面。在建筑构件上安装时,刀片底部与基础间应有不小于 50 mm 的距离。

2)开关动触片与两侧压板的距离应调整均匀。合闸后,接触面应充分压紧,刀片不得摆动。

3)刀片与母线直接连接时,母线固定端必须牢固。

(4)试运行。

1)转换开关和倒顺开关安装后,其手柄位置的指示应与相应的接触片位置相对应。定位机构应可靠。所有的触头在任何接通位置上应接触良好。

2)带熔断器或灭弧装置的负荷开关接线完毕后经过检查,熔断器应无损伤,灭弧栅应完好,并固定可靠;电弧通道应畅通、灭弧触头各相分闸应一致。

第二节　控制电器安装

一、漏电保护器

1. 漏电保护器安装条件

(1)根据配电线路的情况选用漏电保护器,详见表 7-3。

(2)根据气候条件和使用场所选用漏电保护器,详见表 7-4、表 7-5。

表 7-3　　　　　　　　　按线路状况选用漏电保护电器

序　号	线 路 状 况	选 用 类 型
1	新线路	选用高灵敏度漏电开关
2	线路较差	选用中灵敏度漏电开关
3	线路范围小	选用高灵敏度漏电开关
4	线路范围大	选用中灵敏度漏电开关

表 7-4　　　　　　　　　　　　按气候条件选用漏电保护电器

序　号	气候条件	选用类型
1	干燥型	选用高灵敏度漏电开关
2	潮湿型	选用中灵敏度漏电开关
3	雷雨季节长	选用冲击波不动作型漏电开关或漏电继电器
4	有梅雨季节	选用漏电动作电流能分级调整的冲击波不动作型漏电开关或漏电继电器

表 7-5　　　　　　　　　　　　按使用场所选用漏电保护电器

序号	使用场所	选用类型	作　　用
1	1. 电动工具、机床、潜水泵等单独设备的保护 2. 分支回路保护 3. 小规模住宅主回路的全面保护	额定漏电动作电流在 30 mA 以下,漏电动作时间小于 0.1 秒的高灵敏度高速型漏电开关	1. 防止一般设备漏电引起的触电事故 2. 在设备接地效果非甚佳处防止触电事故 3. 防止漏电引起的火灾
2	1. 分支电路保护 2. 需提高设备接地保护效果处	额定漏电动作电流为 50～500 mA 动作时间小于 0.1 秒的中灵敏度高速型漏电开关或漏电继电器	1. 容量较大设备的回路漏电保护 2. 在设备的电线需要穿管子,并以管子作接地极时,防止漏电引起的事故 3. 防止漏电引起的火灾
3	1. 干线的全面保护 2. 在分支电路中装设高灵敏度 高速型漏电开关以实现分级保护处	额定漏电动作电流为 50～500 mA,漏电动作时间有延时的中灵敏度延时型漏电开关或漏电继电器	1. 设备回路的全面漏电保护 2. 与高速型漏电开关配合,以形成对整个电网更加完善的保护 3. 防止漏电引起的火灾

（3）根据保护项目选用漏电保护器,详见表 7-6。

表 7-6　　　　　　　　　　　　按保护对象选用漏电保护电器

序号	保护对象	选用类型
1	单台电动机	选用兼具电动机保护特性的高度灵敏度高速型漏电开关单台用电设备
2	单台用电设备	选用同时具有过载、短路及漏电三种保护特性的高灵敏度高速型漏电开关

序号	保护对象	选用类型
3	分支电路	选用同时具有过载、短路及漏电三种保护特性的中灵敏度高速型漏电开关
4	家用线路	选用额定电压为 220 V 的高灵敏度高速型漏电开关
5	分支电路与照明电路混合系统	选用四极高速型高（或中）灵敏度漏电开关
6	主干线总保护	选用大容量漏电开关或漏电继电器
7	变压器低压侧总保护	选用中性点接地式漏电开关
8	有主开关的变压器低压侧总保护	选用中性点接地式漏电继电器

2. 电路配线保护技术措施的要求

（1）三相四线制供电的配电线路中，各相负荷应均匀分配，每个回路中的灯具和插座数量不宜超过 25 个（不包括花灯回路），且应设置 15A 及以下的熔线保护。

（2）三相四线制 TN 系统配电方式，N 线应在总配电箱内或在引入线处做好重复接地。PE（专用保护线）与 N（工作零线）应分别与接地线相连接。N（工作零线）进入建筑物（或总配电箱）后严禁与大地连接，PE 线应与配电箱及三孔插座的保护接地插座相连接。

（3）建筑物内 PE 线最小截面不应小于表 7-7 规定的数值。

表 7-7　　　　专用保护(PE)线截面值

相线截面 S/mm^2	PE 线最小截面 SP/mm^2	相线截面 S/mm^2	PE 线最小截面 SP/mm^2
$S\leqslant16$	$SP\geqslant2.5$	$S>35$	$SP=S/2$
$16<S\leqslant35$	$SP\geqslant1.6$		

3. 漏电保护器的安装、调试

（1）漏电保护器是用来对有致生命危险的人身触电进行保护，并防止电器或线路漏电而引起事故的，其安装应符合以下要求。

1）住宅常用的漏电保护器及漏电保护自动开关安装前，首先应经国家认证的法定电器产品检测中心按国家技术标准试验合格方可安装。

2）漏电保护自动开关前端 N 线上不应设有熔断器，以防止 N 线保护熔断后相线漏电，漏电保护自动开关不动作。

3）按漏电保护器产品标志进行电源侧和负荷侧接线。

4)在带有短路保护功能的漏电保护器安装时,应确保有足够的灭弧距离。

5)漏电保护器应安装在特殊环境中,必须采取防腐、防潮、防热等技术措施。

(2)电流型漏电保护器安装后,除应检查接线无误外,还应通过按钮试验,检查其动作性能是否满足要求。

(3)火灾探测器、手动火灾报警按钮、火灾报警控制器、消防控制设备等安装,应按国家现行技术标准《火灾自动报警系统施工及验收规范》的规定执行。

二、接触器安装

(1)接触器的型号、规格应符合设计要求,并应有产品质量合格证和技术文件。

(2)安装之前,首先应全面检查接触器各部件是否处于正常状态,主要是触头接触是否正常,有无卡阻现象。铁芯极面应保持洁净,以保证活动部分自由灵活的工作。

(3)引线与线圈连接牢固可靠,触头与电路连接正确。接线应牢固,并应做好绝缘处理。

(4)接触器安装应与地面垂直,倾斜度不应超过5°。

三、启动器安装

(1)启动器应垂直安装,工作活动部件应动作灵活可靠,无卡阻。

(2)启动衔铁吸合后应无异常响声,触头接触紧密,断电后应能迅速脱开。

(3)可逆电磁启动器防止同时吸合的连锁装置动作正确、可靠。

(4)接线应正确。接线应牢固、裸露线芯应做好绝缘处理。

(5)启动器的检查、调整

1)启动器接线应正确。电动扣定子绕组的正常工作应为三角形接线法。

2)手动操作的星、三角启动器,应在电动机转速接近运行转速时进行切换。自动转换的启动器应按电机负荷要求正确调节延时装置。

(6)自耦减压启动器安装,应符合以下要求:

1)启动器应垂直安装。

2)油浸式启动器的油面必须符合标定油面线的油位。

3)减油抽头在65%~80%额定电压下,应按负荷要求进行调整。启动时间不得超过自耦减压启动器允许的启动时间。

4)连续启动累计或一次启动时间接近最大允许启动时间时,应待其充分冷却后方能再次启动。

(7)手动操作启动器的触头压力,应符合产品技术文件要求及技术标准的规定值,操作应灵活。

(8)接触器与启动器均应进行通断检查。对用于重要设备的接触器或启动器尚应检查其启动值是否符合产品技术文件的规定。

变阻式启动器的变阻器安装后,应检查其电阻切换程序。触头压力、灭弧装置及启动值,应符合设计要求或产品技术文件的规定。

四、继电器安装

(1)继电器的型号、规格应符合设计要求。因为继电器是根据一定的信号(电压、电流、时间)来接通和断开电路的电器。在电路中通常是用来接通和断开接触器的吸引线圈,以达到控制或保护用电设备的目的。所以,继电器有按电压信号动作和电流信号动作之分。电压继电器及电流继电器都是电磁式继电器。常规是按电路要求控制的触头较多,需选用一种多触头的继电器,以其扩大控制工作范围。

(2)继电器可动部分的动作应灵活、可靠。

(3)表面污垢和铁芯表面防腐剂应清除干净。

(4)安装时必须试验端子确保接线相位的准确性。固定螺栓加套绝缘管,安装继电器应保持垂直,固定螺栓应垫橡胶垫圈和防松垫圈紧固。

第八章 防雷及接地装置安装工程

第一节 防雷装置及其安装

雷电具有极大的破坏性,造成人畜伤亡、建筑物击毁或燃烧、线路停电及电气设备损坏等严重事故。因此,必须根据被保护物的不同要求,雷电的不同形式,采取可靠的防雷措施,装设各种防雷装置,保护人民生命财产和电气设备安全。

一、防直击雷

雷电直接击中建筑物或其他物体,对其放电,这种雷击称为直击雷。

防直击雷的主要措施是装设避雷针、避雷带、避雷网、避雷线。这些设备又称接闪器,即在防雷装置中,用以接受雷云放电的金属导体。

1. 避雷针

避雷针通常采用镀锌圆钢或镀锌钢管制成,上部制成针尖形状。所采用的圆钢或钢管的直径不小于下列数值:

当针长为 1 m 以下时:圆钢为 12 mm;钢管为 20 mm;

当针长为 1~2 m 时:圆钢为 16 mm,钢管为 25 mm;

烟囱顶上的避雷针:圆钢为 20 mm。

避雷针安装要求如下:

(1)避雷针一般安装在支柱(电杆)上或其他构架、建筑物上。

(2)避雷针下端必须可靠地经引下线与接地体连接,可靠接地。引下线一般采用圆钢或扁钢,其尺寸不小于下列数值:圆钢直径 8 mm;扁钢截面 48 mm²,厚度 4 mm。所用的圆钢或扁钢均需镀锌。引下线的安装路径应短直,其紧固件及金属支持件均应镀锌。引下线距地面 1.7 m 处开始至地下 0.3 m 一段应加塑料管或钢管保护。

(3)接地电阻不大于 10 Ω。

(4)装设避雷针的构架上不得架设低压线或通讯线。

(5)避雷针及其接地装置不能装设在人、畜经常通行的地方,距道路应 3 m以上,否则要采取保护措施。与其他接地装置和配电装置之间要保持规定距离:地面上不小于 5 m;地下不小于 3 m。

2. 避雷带、避雷网

避雷带、避雷网普遍用来保护建筑物免受直击雷和感应雷。

避雷带是沿建筑物易受雷击部位（如屋脊、屋檐、屋角等处）装设的带形导体。避雷网是屋面上纵横敷设的避雷带组成的网络，网格大小按有关规范确定，对于防雷等级不同的建筑物，其要求不同。

避雷带一般采用镀锌圆钢或镀锌扁钢制成，其尺寸不小于下列数值：圆钢直径为 8 mm，扁钢截面积 48 mm²，厚度 4 mm。装设在烟囱顶端的避雷环，一般采用镀锌圆钢或镀锌扁钢，圆钢直径不得小于 12 mm；扁钢截面不得小于 100 mm²，厚度不得小于 4 mm。避雷带（网）距屋面一般 100～150 mm，支持支架间隔距离一般为 1～1.5 m。支架固定在墙上或现浇的混凝土支座上。引下线采用镀锌圆钢或镀锌扁钢。圆钢直径不小于 8 mm，扁钢截面积不小于 48 mm²，厚度为 4 mm。引下线沿建（构）物的外墙明敷设，固定于埋设在墙里的支持卡子上。支持卡子的间距为 1.5 m。也可以暗敷，但引下线截面积应加大。引下线一般不少于两根，对于第三类工业，第二类民用建（构）筑物，引下线的间距一般不大于 30 m。

采用避雷带时，屋顶上任何一点距离避雷带不应大于 10 m。当有 3 m 及以上平行避雷带时，每隔 30～40 m 宜将平行的避雷带连接起来。屋顶上装设多支避雷针时，两针间距离不宜大于 30 m。屋顶上单支避雷针的保护范围可按 60°保护角确定。

3. 避雷线

避雷线架设在架空线路上，以保护架空线路免受直接雷击。由于避雷线既要架空又要接地，所以避雷线又叫架空地线。

避雷线一般用截面不小于 35 mm² 的镀锌钢绞线。根据规定：220 kV 及以上架空电力线路应沿全线架设避雷线；110 kV 架空电力线路一般也是沿全线架设避雷线；35 kV 及以下电力架空线路，一般不沿全线架设避雷线。有避雷线的线路，每基杆塔不连避雷线的工频接地电阻，在雷季干燥时，不宜超过表 8-1 所列数值。

表 8-1 避雷线工频接地电阻

土壤电阻率 /Ω·m	100 及以下	100 以上至 500	500 以上至 1000	1000 以上至 2000	2000 以上
接地电阻	10	15	20	25	30*

注：* 如土壤电阻率很高，接地电阻很难降低到 30 m 时，可采用 6～8 根总长度不超过 500 m 的放射形接地体，或连续伸长接地体，其接地电阻不受限制。

二、防雷电侵入波

由于输电线路上遭受雷击，高压雷电波便沿着输电线侵入变配电所或用户，击毁电气设备或造成人身伤害,这种现象称雷电波侵入。避雷器用来防护雷电波的高电压沿线路侵入变、配电所或其他建筑物内,损坏被保护设备的绝缘。它与被保护设备并联,如图 8-1 所示。

图 8-1　避雷器的连接

当线路上出现危及设备绝缘的过电压时,避雷器就对地放电,从而保护了设备。避雷器有阀型避雷器、管型避雷器、氧化锌避雷器。

1. 阀型避雷器安装

(1)安装前应检查其型号规格是否与设计相符;瓷件应无裂纹、破损;瓷套与铁法兰间的结合应良好;组合元件应经试验合格,底座和拉紧绝缘子的绝缘应良好。

(2)阀型避雷器应垂直安装,每个元件的中心线与避雷器安装点中心线的垂直偏差不应大于该元件高度的 1.5%,如有歪斜,可在法兰间加金属片校正,但应保证其导电良好,并把缝隙垫平后涂以油漆。均压环应安装水平,不能歪斜。

(3)拉紧绝缘子串必须紧固,弹簧应能伸缩自如,同相绝缘子串的拉力应均匀。

(4)放电记录器应密封良好、动作可靠、安装位置应一致,且便于观察;安装时,放电记录器要恢复至零位。

(5)50 kV 以下变配电所常用的阀型避雷器,体积较小,一般安装在墙上或电杆上。安装在墙上时,应有金属支架固定;安装在电杆上时,应有横担固定。金属支架、横担应根据设计要求加工制作,并固定牢固。避雷器的上部端子一般用镀锌螺栓与高压母线连接,下部端子接到接地引下线上,接地引下线应尽可能短而直,截面积应按接地要求和规定选择。

2. 管型避雷器安装

(1)一般管型避雷器用在线路上,在变配电所内一般用阀型避雷器。

(2)安装前应进行外观检查:绝缘管壁应无破损、裂痕;漆膜无脱落;管口无堵塞;配件齐全;绝缘应良好,试验应合格。

(3)灭弧间隙不得任意拆开调整,其喷口处的灭弧管内径应符合产品技术规定。

(4)安装时应在管体的闭口端固定,开口端指向下方。倾斜安装时,其轴线与水平方向的夹角:普通管型避雷器应不小于 15°;无续流避雷器应不小于 45°;装在污秽地区时,还应增大倾斜角度。

(5)避雷器安装方位,应使其排出的气体不致引起相间或对地短路或闪络,也不得喷及其他电气设备。避雷器的动作指示盖向下打开。

（6）避雷器及其支架必须安装牢固，防止反冲力使其变形和移位，同时应便于观察和检修。

（7）无续流避雷器的高压引线与被保护设备的连接线长度应符合产品的技术规定。

3.氧化锌避雷器

氧化锌避雷器动作迅速，通流量大，伏安特性好，残压低，无续流，因此，使用很广，其安装要求与阀型避雷器相同。

三、防感应雷

由于雷电的静电感应或电磁感应引起的危险过电压，称之为感应雷。感应雷产生的感应过电压可高达数十万伏。

为防止静电感应产生的高压，一般是在建筑物内，将金属敷埋设备、金属管道、结构钢筋予以接地，使感应电荷迅速入地，避免雷害。根据建筑物的不同屋顶，采取相应的防止静电感应措施，例如金属屋顶，将屋顶妥善接地；对于钢筋混凝土屋顶，将屋面钢筋焊成 6～12 m 网格，连成通路，并予以接地；对于非金属屋顶，在屋顶上加装边长 6～12 m 金属网格，并予接地。屋顶或屋顶上的金属网格的接地不得少于 2 处，其间距不得大于 18～30 m。

防止电磁感应引起的高电压，一般采取以下措施：

（1）对于平行金属管道相距不到 100 mm 时，每 20～30 m 用金属线跨接；交叉金属管道不到 100 mm 时，也用金属线跨接；

（2）管道与金属设备或金属结构之间距离小于 100 mm 时，也用金属线跨接；在管道接头、弯头等连接部位也用金属线跨接，并可靠接地。

第二节　接地装置及其安装

电气接地一般可分成两大类：工作接地和保护接地。所谓工作接地是指为了保证电气设备在系统正常运行和发生事故情况下能可靠工作而进行的接地。如 380/220 V 配电网络中的配电变压器中性点接地就是工作接地，这种配电变压器假如中性点不接地，那当配电系统中一相导线断线，其他二相电压就会升高 $\sqrt{3}$ 倍，即 220 V 变为 380 V，这样就会损坏用电设备；还有像避雷针、避雷器的接地也是工作接地，假如避雷针、避雷器不接地或接地不好，则雷电流就不能向大地通畅泄放，这样避雷针、避雷器就不能起防雷保护作用。所以工作接地是指为了保证电气设备安全可靠工作、必须的接地。所谓保护接地是指为了保证人身安全和设备安全，将电气在正常运行中不带电的金属部分可靠接地，这样可防止电气设备绝缘损坏或其他原因使外壳等金属部分带电时发生人身触电事故。

无论哪种接地，接地必须良好，接地电阻必须满足规定要求。一般接地是通过接地装置来实施。接地装置包括接地体和接地线两部分。其中，接地体是埋入地下，直接与土壤接触的金属导体，有自然接地体和人工接地体两种。自然接地体是指兼作接地用的直接与大地接触的各种金属管道（输送易燃、易爆气体或液体的管道除外）、金属构件、金属井管、钢筋混凝土基础等。人工接地体是指人为埋入地下的金属导体，如 50 mm×50 mm×5 mm 镀锌角钢、ϕ50 mm 镀锌钢管等。接地线是指电气设备需接地的部分与接地体之间连接的金属导线。它有自然接地线和人工接地线两种。自然接地线如建筑物的金属结构（金属梁、柱等）、生产用的金属结构（吊车轨道、配电装置的构架等）、配线的钢管、电力电缆的铅皮、不会引起燃烧、爆炸的所有金属管道。人工接地线一般都采用扁钢或圆钢制作。

接地装置的导体截面，应符合热稳定和机械强度的要求，且不应小于表 8-2 所列规格。

表 8-2   钢接地体和接地线的最小规格

种类规格及单位		地 上		地 下
		室 内	室 外	
圆钢直径/mm		5	6	8 10
扁 钢	截面/mm²	24	48	48
	厚度/mm²	3	4	4 (6)
角钢厚度/mm		2	2.5	4 (6)
钢管管壁厚度/mm		2.5	2.5	3.5 (4.5)

注：①表中括号内的数值系指直流电力网中经常流过电流的接地线和接地体的最小规格。

②电力线路杆塔的接地体引出线的截面不应小于 50 mm²，引出线应热镀锌。

图 8-2 是接地装置示意图。其中接地线分接地干线和接地支线。电气设备需接地的部分就近通过接地支线与接地网的接地干线相连接。

图 8-2 接地装置示意图

1—接地体；2—接地干线；

3—接地支线；4—电气设备

一、人工接地体安装

（1）垂直接地体的制作：垂直接地

体一般采用镀锌角钢或钢管制作。角钢厚度不小于
4 mm,钢管壁厚不小于 3.5 mm,有效截面积不小于
48 mm²。所用材料不应有严重锈蚀,弯曲的材料必须
矫直后方可使用。一般用 50 mm×50 mm×5 mm镀
锌角钢或 φ50 mm 镀锌钢管制作。垂直接地体的长度
一般为 2.5 m,其下端加工成尖形。用角钢制作时,其
尖端应在角钢的角脊上,且两个斜边要对称(见图
8-3(a));用钢管制作时要单边斜削(见图8-3(b))。

图 8-3 垂直接地体
(a)角钢;(b)钢管

(2)垂直接地体安装。

装设接地体前,需沿设计图规定的接地网的线路
先挖沟。由于地的表层容易冰冻,冰冻层会使接地电
阻增大,且地表层容易被挖掘,会损坏接地装置。因此,接地装置需埋于地表层
以下,一般埋设深度不应小于 0.6 m。一般挖沟深度 0.8～1 m。

沟挖好后应尽快敷设接地体,接地体长度一般为 2.5 m,按设计位置将接地
体打入地下,当打到接地体露出沟底的长度约 150～200 mm(沟深 0.8～1 m)
时,停止打入。然后再打入相邻一根接地体,相邻接地体之间间距不小于接地体
长度的 2 倍,接地体与建筑物之间距离不能小于 1.5 m。接地体应与地面垂直。
接地体间连接一般用镀锌扁钢,扁钢规格和数量以及敷设位置应按设计图规定,
扁钢与接地体用焊接方法连接(搭接焊,焊接长度符合规定)。扁钢应立放,这样
既便于焊接,也可减小接地流散电阻。

接地体连接好后,经过检查确认接地体的埋设深度、焊接质量等均已符合要
求后,即可将沟填平。填沟时应注意回填土中不应夹有石块、建筑碎料及垃圾,
回填土应分层夯实,使土壤与接地体紧密接触。

(3)水平接地体安装。

水平接地体多采用 φ16 mm 的镀锌圆钢
或40 mm×4 mm镀锌扁钢。埋设深度一般
在 0.6～1 m 之间,不能小于 0.6 m。常见的
水平接地体有带形、环形和放射形,如图 8-4
所示。

带型 环型 放射型

图 8-4 常见的水平接地体

带形接地体多为几根水平安装的圆钢或扁钢并联而成,埋设深度不小于
0.6 m,其根数及每根长度按设计要求。

环形接地体是用圆钢或扁钢焊接而成,水平埋设于地下 0.7 m 以上。其直
径大小按设计规定。

放射形接地体的放射根数一般为 3 根或 4 根,埋设深度不小于 0.7 m,每根
长度按设计要求。

二、接地线安装

人工接地线材料一般都采用圆钢或扁钢。只有移动式电气设备和采用钢质导线在安装上有困难的电气设备,才采用有色金属作为人工接地线,但禁止使用裸铝导线作接地线。接地干线采用扁钢时,截面不小于 4 mm×12 mm,采用圆钢时直径不小于 6 mm。

接地线的安装包括接地体连接用的扁钢及接地干线和接地支线的安装。

1. 接地干线安装

接地网中各接地体间的连接干线,一般用扁钢宽面垂直安装,连接处应尽可能采用焊接并加镶块,以增大焊接面积。如无条件焊接时,也允许用螺钉压接,但要先在接地体上端装设接地干线连接板,如图 8-5 所示。连接板须经镀锌处理,螺钉也要采用镀锌螺钉。安装时,接触面应保持平整、严密,不可有缝隙,螺钉要拧紧。在有振动的地方,螺钉上应加弹簧垫圈。

图 8-5　垂直接地体焊接接地干线连接板

(a)角钢顶端装连接板;(b)角钢垂直面装连接板;(c)钢管垂直面装连接板

安装时要注意以下问题:

(1)接地干线应水平或垂直敷设,在直线段不应有弯曲现象。

(2)安装位置应便于检修,并且不妨碍电气设备的拆卸与检修。

(3)接地干线与建筑物或墙壁间应有 15~20 mm 间隙。

(4)水平安装时离地面距离一般为 200~600 mm(具体按设计图)。

(5)接地线支持卡子之间的距离,在水平部分为 1~1.5 m,在垂直部分为 1.5~2 m,在转角部分为 0.3~0.5 m。

(6)在接地干线上应做好接线端子(位置按设计图纸)以便连接接地支线。

(7)接地线由建筑物内引出时,可由室内地坪下引出,也可由室内地坪上引出,其做法如图 8-6 所示。

图 8-6 接地线由建筑物内引出安装

(a)接地线由室内地坪下引出;(b)接地线由室内地坪上引出

(8)接地线穿过墙壁或楼板,必须预先在需要穿越处装设钢管,接地线在钢管内穿过,钢管伸出墙壁至少 10 mm,在楼板上面至少要伸出 30 mm,在楼板下至少要伸出 10 mm,接地线穿过后,钢管两端要做好密封(见图 8-7)。

图 8-7 接地线穿越墙壁、楼板的安装

(a)穿墙;(b)穿楼板

1—沥青棉纱;2—φ40 钢管;3—砖管;4—接地线;5—楼板

(9)采用圆钢或扁钢作接地干线时,其连接必须用焊接(搭焊),圆钢搭接时,焊缝长度至少为圆钢直径的 6 倍,如图 8-8(a)、8-8(b)、8-8(c)所示;两扁钢搭接时,焊缝长度为扁钢宽度的 2 倍,如图 8-8(d)所示;如采用多股绞线连接时,应采用接线端子,如图 8-8e 所示。

2. 接地支线安装

接地支线安装时应注意以下问题:

图 8-8　接地干线的连接
(a)圆钢直角搭接;(b)圆钢与扁钢搭接;(c)圆钢与扁钢搭接;
(d)扁钢直接搭接;(e)扁钢与钢绞线的联系

(1)多个设备与接地干线相连接,需每个设备用 1 根接地支线,不允许几个设备合用 1 根接地支线,也不允许几根接地支线并接在接地干线的 1 个连接点上。

(2)接地支线与电气设备金属外壳、金属构架的连接方法如图 8-9 所示,接地支线的两头焊接接线端子,并用镀锌螺钉压接。

(10)接地干线与电缆或其他电线交叉时,其间距应不小于 25 mm;与管道交叉时,应加保护钢管;跨越建筑物伸缩缝时,应有弯曲,以便有伸缩余地,防止断裂。

(3)明设的接地支线在穿越墙壁或楼板时应穿管保护;固定敷设的接地支线需要加长时,连接必须牢固,用于移动设备的接地支线不允许中间有接头;接地支线的每一个连接处,都应置于明显处,以便于检修。

图 8-9　电气金属外壳或金属构架与接地支线连接

(a)电器金属外壳接地；(b)金属构架接地

1—电气金属外壳或金属构架；2—连接螺栓；

3—接地支线；4—镀锌垫圈；5—弹簧垫片

三、接地装置的涂色

接地装置安装完毕后，应对各部分进行检查，尤其是焊接处更要仔细检查焊接质量，对合格的焊缝应按规定在焊缝各面涂漆。

明敷的接地线表面应涂黑漆，如因建筑物的设计要求，需涂其他颜色，则应在连接处及分支处涂以各宽为 15 mm 的两条黑带，间距为 150 mm。中性点接至接地网的明敷接地导线应涂紫色带黑色条纹。在三相四线网络中，如接有单相分支线并零线接地时，零线在分支点应涂黑色带以便识别。

在接地线引向建筑物内的入口处，一般在建筑物外墙上标以黑色记号"⏚"，以引起维护人员的注意。在检修用临时接地点处，应刷白色底漆后标以黑色记号"⏚"。

四、接地电阻测量

无论是工作接地还是保护接地，其接地电阻必须满足规定要求，否则就不能安全可靠地起到接地作用。

接地电阻是指接地体电阻、接地线电阻和土壤流散电阻三部分之和。其中主要是土壤流散电阻。接地电阻的数值等于接地装置对地电压与通过接地体流入地中电流的比值。

1. 接地电阻测量方法

测量接地电阻的方法很多，目前用得最广的是用接地电阻测量仪、接地摇表测量。

图 8-10 为接地摇表测量接地电阻接线图。

在使用接地摇表测量接地电阻时，要注意以下问题：①假如"零指示器"的灵敏度过高时，可调整电位探测针插入土壤中的深浅，若其灵敏度

图 8-10　接地电阻测量接线

E'—被测接地体；

P'—电位探测针；C'—电流探测针

不够时,可沿电位探测针和电流探测针注水使其湿润;②在测量时,必须将接地线路与被保护的设备断开,以保证测量准确;③如果接地极正,和电流探测针 C' 之间的距离大于 20 m 时,电位探测针 P' 的位置插在 E'、C' 之间直线外几米,则测量误差可以不计;但当 E'、C' 间的距离小于20 m 时,则应将电位探测针 P' 一定要正确插在 $E'C'$ 直线中间;④当用 0～1/10/100 Ω 规格的接地摇表测量小于 1 Ω 的接地电阻时,应将正的连接片打开,然后分别用导线连接到被测接地体上,以消除测量时连接导线的电阻造成附加测量误差。

2. 降低接地电阻的措施

流散电阻与土壤的电阻有直接关系。土壤电阻率愈低,流散电阻也就愈低,接地电阻就愈小。所以在遇到电阻率较高的土壤,如砂质、岩石以及长期冰冻的土壤,装设人工接地体,要达到设计所要求的接地电阻,往往要采取适当的措施。常用的方法如下。

(1)对土壤进行混合或浸渍处理:在接地体周围土壤中适当混入一些木炭粉、炭黑等以提高土壤的导电率或用食盐溶液浸渍接地体周围的土壤,对降低接地电阻也有明显效果。近年来还有采用木质素等长效化学降阻剂,效果也十分显著。

(2)改换接地体周围部分土壤:将接地体周围换成电阻率较低的土壤,如黏土、黑土、砂质黏土、加木炭粉土等。

(3)增加接地体埋设深度:当碰到地表面岩石或高电阻率土壤不太厚,而下部就是低电阻率土壤时,可将接地体采用钻孔深埋或开挖深埋至低电阻率的土壤中。

(4)外引式接地:当接地处土壤电阻率很大而在距接地处不太远的地方有导电良好的土壤或有不冰冻的湖泊、河流时,可将接地体引至该低电阻率地带,然后按规定做好接地。

第九章　工程电气设备安装调试工安全操作技术

第一节　触电与触电急救

一、触电

触电是指较强电流从人体流过。其种类有直接触电、间接触电、感应电压电击、雷电电击、残余电荷电击、静电电击等。

(1)直接触电。指电气设备在安全正常的运行条件下,人体的任何部位触及带电体(包括中性导体)所造成的触电。

(2)间接触电。指电气设备在故障情况下,如绝缘损坏或失效,人体的任何部位接触设备的带电的外露可导电部分和外界可导电部分,所造成的触电。间接接触有跨步电压、接触电压触电。

(3)感应电压电击。带电设备由于电磁感应和静电感应作用,将会在附近的停电设备上感应出一定电位,从而发生电击触电。

(4)雷电电击。雷电是自然界中的一种电荷放电现象,如人体正处于或靠近雷电放电的途径,可能遭受到雷电电击。

(5)残余电荷。电击由于电气设备的电容效应,使之在刚断开电源后,尚保留一定的残余电荷,当人体接触时,就会通过人体而放电,形成电击。

(6)静电电击。由于物体在空气中经摩擦而带有静电荷,静电荷大量积累形成高电位,一旦放电也会对人身造成危害。

此外,在高压电网中,当人体与带电体之间空气间隙小于最小安全距离时,虽没有和带电体接触也有可能发生触电事故。这是因为空气间隙的绝缘强度是有一定限定的,当绝缘强度小于电场强度时,空气将被击穿,此时人体常为电弧电流所伤害。因此,在安全规程中对于不同电压等级的电气设备,都规定了最小允许安全距离。

触电的伤害有电击和电伤两种。

电击对人体所引起的伤害,以心脏为最要害部位。由于电流刺激人体心脏,引起心室的纤维颤动、停搏和电流引起呼吸中枢神经麻痹,导致呼吸停止而造成死亡。

电流的化学效应会造成电烙印和皮肤炭化;电流热效应则会造成电灼伤;电磁场能量也会由于辐射作用造成头晕、乏力和神经衰弱等不适症状。

二、触电急救

触电急救的要点是"及时、得法"。发现有人触电后,首先要尽快使其脱离电源,然后根据触电者的具体情况,迅速对其正确救护。现场常用的主要救护方法是心肺复苏法,包括口对口人工呼吸法和胸外按压法。

触电急救的基本原则是应在现场对症地采取积极措施,保护触电者生命,并使其减轻伤情,减少痛苦。具体说就是应遵循"迅速"(脱离电源)、"就地"(进行救护)、"准确"(姿势)、"坚持"(抢救)的八字原则。同时应根据伤情需要,迅速联系医疗部门救治,尤其是对于触电后果严重的伤员,急救成功的必要条件是动作要迅速,操作要正确,任何迟疑拖延和操作错误都会导致触电者伤情加重或造成死亡。此外,急救过程中要认真观察触电者的全身情况,以防止伤情恶化。

(1)脱离电源。

触电急救,首先要使触电者迅速脱离电源,因为电流作用的时间越长,伤害越重。脱离电源就是要把触电者接触的那一部分带电设备的开关、闸刀或其他断路设备断开,或设法将触电者与带电设备脱离。在脱离电源时,救护人员既要救人,也要注意保护自己。脱离电源的具体方法有以下几种。

1)触电者触及低压带电设备,救护人员应设法迅速切断电源,如拉开电源开关或刀闸,拔除电源插头等;或使用绝缘工具、干燥的木棒、木板、绳索等不导电的东西解脱触电者;也可抓住触电者干燥而不贴身的衣服,将其拖开,切记要避免碰到金属物体和触电者的裸露身躯,也可戴绝缘手套或将手用干燥衣物等包裹起来绝缘后解脱触电者;救护人员也可站在绝缘垫上或干木板上,绝缘自己进行救护。

为使触电者与导电体解脱,最好用一只手进行。如果电流通过触电者入地,并且触电者紧握电线,可设法用干木板塞到身下,使其与地隔离,也可用干木把斧子或有绝缘柄的钳子等将电线剪断。剪断电线要分相,一根一根地剪断,并尽可能站在绝缘物体或干木板上。

2)触电者触及高压带电设备,救护人员应迅速切断电源,或用适合该电压等级的绝缘工具(戴绝缘手套、穿绝缘靴并用绝缘棒)解脱触电者。救护人员在抢救过程中应注意保持自身与周围带电部分必要的安全距离。

3)触电发生在架空线杆塔上,如系低压带电线路,若可能立即切断线路电源的,应迅速切断电源,或者由救护人员迅速登杆,系好自己的安全皮带后,用带绝缘胶柄的钢丝钳、干燥的不导电物体或绝缘物体将触电者拉离电源;如系高压带电线路,又不可迅速切断电源开关的,可采用抛挂足够截面的适当长度的金属短路线方法,使电源开关跳闸。抛挂前,将短路线一端固定在铁塔或接地引下线上,另一端系重物。抛掷短路线时,应注意防止电弧伤人或断线危及人员安全。

不论在哪种电压等级的线路上触电，救护人员在使触电者脱离电源时都要防止发生高处坠落的可能，防止再次触及其他有电线路的可能。

4）如果触电者触及断落在地上的带电高压导线，如尚未确证线路无电，救护人员在未做好安全措施（如穿绝缘靴或临时双脚并紧跳跃地接近触电者）前，不能接近断线接地点附近半径为 8～10 m 范围内，防止跨步电压伤人。触电者脱离带电导线后亦应迅速带至 8～10 m 以外处，立即开始触电急救。只有在确定线路已经无电，才可在触电者离开触电导线后，立即就地进行急救。

（2）脱离电源后的急救方法。

1）触电伤员脱离电源后如神态清醒，应使其就地躺平，严密观察，暂时不要走动或站立。如神志不清，应就地躺平，且确保气道畅通，并用 5 秒时间呼叫伤员或轻拍其肩部，以判定伤员是否意识丧失，禁止用摇动伤员头法来呼叫伤员。

2）对于意识丧失的触电伤员应在 10 秒内，用看、听、试的方法，判定伤员呼吸心跳情况。若既无呼吸又无颈动脉搏动，可判定呼吸心跳停止。若出现呼吸、心跳均停止时应立即按心肺复苏法支持生命的三项基本措施，正确进行就地抢救，并速请医生诊治或送往医院。但救护人员不能消极等待医生，抢救工作始终不能停止，即使在送往医院途中也不能暂停抢救。

（3）抢救触电伤员生命的心肺复苏法

准确地用心肺复苏法进行抢救，是触电急救成功的关键。

1）通畅气道。触电呼吸停止时，重要的是要始终保持气道通畅，可采用仰头抬颏的办法，用一只手放在触电者前额，另一只手的手指将其颌骨向上抬起，两手协同将头部推向后仰，舌根随之抬起，气道即可通畅。

通畅气道时要注意禁止用枕头或其他物品垫放在伤员头下，这样会加重气道阻塞，且使胸外按压时流向脑部的血液减少甚至消失。

2）口对口人工呼吸。在保持伤员气道通畅的同时，救护人员用放在伤员额上的手指捏住伤员鼻子，救护人员深吸气后与伤员口对口紧合，在不漏气的情况下，先连续大口吹气两次，每次 1～1.5 秒。如两次吹气后试测颈动脉仍无搏动，可判定心跳已经停止，要立即同时进行胸外按压。正常口对口人工呼吸的吹气量不需过大，以免引起胃膨胀。施行速度每分钟 12 次，儿童则为 20 次。吹气和放松时，要注意伤员胸部应有起伏的呼吸动作。吹气时如有较大阻力，可能是头部后仰不够，应及时更正。

3）胸外按压。①确定正确的按压位置：将触电者仰卧，用右手的食指和中指沿右侧肋弓下缘向上，找到肋骨和胸骨接合处的中点，然后两手指并齐，将中指按在剑突底部，食指平放在胸骨下部，这时另一只手掌根要紧挨食指上缘，置于胸骨上，即为正确的按压位置。②掌握正确的按压姿势：救护人员跪或立在伤员的一侧肩旁，救护人员的两肩位于伤员胸骨正上方，两臂伸直，肘关节固定不屈，两手掌根相叠,手指翘起,使得不接触伤员胸壁。然后以髋关节为支点,利用上身重力,垂直将触电人(成人)胸骨压陷 3～5 cm(儿童和瘦弱者酌减)。当压至要求程度后,应全部放松,注意在放松时救护者的掌根不得离开胸壁,以免再次按压时造成撞击。③操作频率:胸外按压要均匀速度施行,一般每分钟 80 次左右,每次按压和放松的时间相等,若胸外按压与口对口人工呼吸同时进行,操作频率为单人施救时:每按压 15 次后吹气 2 次,反复进行;双人施救时,每按压 5 次后再吹气 1 次。④触电急救中不可滥用药物:现场急救中,对采用肾上腺素等药物应持慎重态度,如没有必要的诊断设备条件和足够的把握,不得乱用。在医院内抢救时,由医务人员经医疗仪器设备诊断,根据诊断结果决定是否采用。

第二节 防止触电技术措施

一、间接接触触电防护措施

(1)用自动切断供电电源的保护,并辅以总等电位连接。自动切断供电电源的保护是根据低压配电网的运行方式和安全需要,采用适当的自动化元件和连接方法,使得发生故障时能够在预期时间内自动切断供电电源,防止接触电压的危害。通常采用过电流保护(包括接零保护)、漏电保护,故障电压保护(包括接地保护)、绝缘监视器等保护措施。

为了防止上述保护失灵,辅以总等电位连接,可大幅度降低接地故障时人所遭受的接触电压。

(2)采用双重绝缘或加强绝缘的电气设备。Ⅱ类电工产品具有双重绝缘或加强绝缘的功能,因此采用Ⅱ类低压电器设备可以起到防止间接接触触电的作用,而且不需要采用保护接地的措施。

(3)将有触电危险的场所绝缘,构成不导电环境。这种措施是防止设备工作绝缘损坏时人体同时触及不同电位的两点。电气设备所处使用环境的墙和地板系绝缘体,当发生设备绝缘损坏时可能出现不同电位的两点之间的距离若超过 2 m,即可满足这种保护条件。

(4)采用不接地的局部等电位连接的保护。对于无法或不需要采取自动切断供电电源防护的装置中的某些部分,要以将所有可能同时触及的外露可导电部分,以及装置处可导电的部分用等电位连接线互相连接起来,从而形成一个不接地的局部等电位环境。

(5)采用电气隔离。采用隔离变压器或有同等隔离性能的发电机供电,以实现电气隔离,防止裸露导体故障带电时造成电击。被隔离的回路电压不应超过 500 V,其带电部分不能同其他回路或大地相连,以保持隔离要求。

二、直接接触触电的防护措施

(1)绝缘防护将带电体进行绝缘,以防止与带电部分有任何接触的可能。被绝缘的设备必须满足该电气设备国家现行的绝缘标准,一般单独用涂漆、漆包等类似的绝缘来防止触电是不够的。

(2)屏护防护采用遮栏和外护物,防止人员触及带电部分的保护,遮栏和外护物在技术上必须遵照有关规定进行设置。

(3)障碍防护采用阻挡物进行保护。对于设置的障碍必须防止这样两种情况的发生:一是身体无意识地接近带电部分;二是在正常工作中,无意识地触及运行中的带电设备。

(4)保证安全距离的防护。为了防止人和其他物体触及或接近电气设备造成事故,要求带电体与地面、带电体与其他设施的设备之间、带电体与带电体之间必须保持一定的安全距离。凡能同时触及不同电位的两部位间的距离,严禁在伸臂范围以内。在计算伸臂范围时,必须将手持较大尺寸的导电物体考虑在内。

(5)采用漏电保护装置。这是一种后备保护措施,可与其他措施同时使用。在其他保护措施一旦失效或者使用者不小心的情况下,漏电保护装置会自动切断供电电源,从而保证工作人员的安全。

三、间接接触与直接接触兼顾的保护

通常采用安全超低压的防护方法,其通用条件是供电电压值的上限不得超过 50 V(有效值),在使用中应根据用电场所特点,采用相应等级的安全电压。一般条件下,采用了超低电压供电,即可认为间接接触触电和直接接触触电防护都有了保证。

第三节　电气作业安全措施

一、电气作业安全组织措施

(1)在高压设备上工作必须遵守下列各项规定:

1)填用工作票或口头、电话命令;

2)至少应有两名合格电工同时一起工作;

3)执行保证工作人员安全的组织措施和技术措施。

(2)在电气设备上工作,保证安全的组织措施主要包括:

1)工作票制度;

2)工作许可制度;

3)工作监护制度;

4)工作间断、转移和终结制度。

二、电气作业安全技术措施

在电气设备上工作,一般情况下,均应停电后进行。在停电的电气设备上工作之前,必须完成下列措施。

(1)停电。在检修设备时,必须把各方向可能来电的电源完全断开(任何运行中的星形接线设备的中性点,必须视为带电设备),且应使各方向至少有一个明显的断开点。

(2)验电工作前,必须用电压等级合适的验电器,对检修设备的进出线两侧各相分别验电。

(3)装设接地线。装设接地线是防止突然来电的唯一可靠的安全措施。同时设备断开部分的剩余电荷,也可因接地而放尽。

(4)悬挂标示牌和装设遮栏。在断开的开关和刀闸操作手柄上,均应悬挂"禁止合闸,有人工作"的标示牌。当检修工作中与其他带电设备的距离小于规定的安全距离时,应加装临时遮拦。35 kV 及以下设备的临时遮拦,如因工作需要,可用经耐压试验合格的绝缘挡板与带电部分直接接触。

三、低压电气作业安全措施

(1)低压电气设备上停电作业的安全措施。对低压电气设备停电工作,应得到电气部门负责人的同意或持有工作票,并完成下列安全措施。

1)将检修设备的各方向电源断开,取下熔断器,在刀闸操作把手上挂"有人工作,禁止合闸"的标示牌,必要时加锁。

2)对于工作中容易偶然触及或可能接近的导电部分,应加装临时遮拦或护罩。

3)工作前必须验电。

4)对于可能送电至检修设备的电源侧或有感应电的设备上,还应装设携带型接地线。

5)根据现场需求采取其他安全措施。

(2)低压间接带电作业的安全措施。低压间接带电作业,系指人体与带电设备非直接接触,即工作人员手握绝缘工具对带电设备进行的工作。间接带电工作要遵守以下规定。

1)低压带电作业人员应经过训练并考试合格,工作中由有经验的电气工作人员监护。使用有绝缘柄的工具,工作时站在干燥的绝缘物上进行,并戴手套和安全帽。必须穿长袖衣工作,禁止使用锉刀、金属尺和带金属物的毛刷、毛掸等工具。

2)间接带电作业应在天气良好的条件下进行,且作业范围内由气回路的漏电保护器必须投运。

3)在低压配电装置上进行工作时,应采取防止相间短路和单相接地短路的隔离措施。

4)在紧急情况下,允许用有绝缘柄的钢丝钳断开带电的绝缘照明线。断线时要一根一根地进行,断开点应在导线固定点的负荷侧。

5)带电断开配电盘或接线箱中的电压表和电能表的电压回路时,必须采取防止短路或接地的措施;严禁在电流互感的二次回路进行带电工作。

(3)低压线路带电作业的安全措施。除了作好上述间接带电作业的有关安全措施外,还要遵守以下规定。

1)上杆前,应先分清相、零线,断开导线时,先断相线,后断零线,搭接时顺序相反。

2)工作前,应检查与同杆架设的高压线的安全距离,采取防止误碰带电高压设备的措施。

3)在低压带电导线未采取绝缘措施时,工作人员不得穿越。还要注意,切不可使人体同时接触两根导线。

(4)电气测量作业的安全措施。

1)电气测量工作应在无雷雨和干燥的天气下进行。测量一般由两人进行,即一人操作,一个人监护。

2)测量时应戴白纱手套或绝缘手套。

3)摇测低压设备绝缘电阻时,应使用 500 V 绝缘摇表。

4)电压测量工作应在小容量开关或熔丝的负荷侧进行,不允许直接在母线上测量。测量配电变压器低压侧的线路负荷时,可使用钳形电流表,使用时应防止短路或接地。

(5)移动式电器具的安全使用。

1)电钻、振动器、手提砂轮或其他手提式电动工具。为了确保使用安全,除了外壳接地,加强检查外,在使用中还要戴好橡胶绝缘手套,两脚站在绝缘垫上或穿绝缘鞋工作,以确保安全。

手提式电钻使用前应检查引线、插头是否完整无损,通电后,可用试电笔检查一下是否漏电。调换钻头时,必须将插头拔掉。工作时如发现麻电,就立即切断电源,进行绝缘检查。

2)电风扇每年使用前,应经过全面的检验,其中包括绝缘电阻测试(应不小于 2 MΩ)、风扇开关、引线、插头、金属外壳接地等是否完好、正确。

3)行灯。行灯电压应为 36 V,但在特别危险场所(如锅炉、蒸发器及金属窗口等内部进行工作时),使用的行灯电压不允许超过 12 V。其电源变压器通常采用安全隔离变压器,禁止用自耦变压器代替行灯变压器。

使用行灯时,行灯变压器不准放在锅炉、加热器、水箱等金属容器内和特别潮湿的地方。行灯变压器至少每月进行一次全面检查。

4)对于移动电器具,各单位应建立专人保管、定期检查和使用发放制度。

(6)低压临时用电的安全措施。临时用电一般为基建工地,农田水利以及市政建设等用电。工矿企业及事业单位,有时也有突击性使用时间短暂的临时用电,但必须得到有关领导及安技部门同意后才可装设。

1)临时用电时间一般不超过6个月,且不得向外转供电。

2)临时线路安装要符合安全要求,并指定专人负责,使用中要定期检查,用毕即行拆除,严禁私拉乱接。

3)在电源和用电处均应装设开关箱,开关箱内必须装设漏电保护器,对每台用电设备要做到"一机一闸一器"。

4)电气设备的金属外壳需采用保护接地或保护接零。

四、自发电及双电源用户使用的安全措施

自发电及双电源用户使用中要严防倒送电事故发生,遵守电力管理部门和供电企业的有关管理规定。

(1)防止倒送电的组织措施

1)自发电、双电源用户事先必须向供电部门提出申请,并经批准后方可使用。

2)供电企业和用户签订自发电协议、双电源使用协议,明确供电范围、安全技术措施以及防倒送电的负责人。

(2)防止倒送电的技术措施

双电源和自发电用户应根据其容量和用电负荷性质的不同,分别采用加装双投刀闸、电气连锁装置等措施。自发电用户的接地装置不得与网供接地装置相连。

(3)自备发电机组并网运行的用户,须与供电部门签订并网运行协议,加装准同期装置。对用断路器并网的自发电机组,应在断路器控制回路中加装同期检查继电器触点,防止非同期并列。

第四节　电气防火与防爆

电气火灾和爆炸,是指由于电气方面的原因,形成火源而引起的火灾和爆炸。

一、电气火灾与爆炸的原因和预防措施

1. 电气火灾和爆炸的原因

主要有两个方面:①易燃易爆的环境,也就是存在易燃易爆物及助燃物质;

②电气设备产生火花、危险的高温。其原因有正常运行、设备老化及故障情况下产生的电弧、火花及高温。

2. 电气防火、防爆的主要措施

(1)防止产生火源及高温的措施有：①正确选择设备，正确接线；②加强绝缘监察，保持合格的电气绝缘强度；③注意充油设备的巡回检查、防渗、防漏；④进行合理的保护整定；⑤保持设备清洁；⑥采用防误操作闭锁装置；⑦严格按周期检修设备。

(2)保持必要的防火距离。

(3)采用耐火设施。

二、电气火灾的扑救方法

1. 切断电源灭火

发生电气火灾后应尽可能先切断电源再扑救，防止人身触电。切断电源应按规定的操作程序进行，防止带负荷拉隔离开关，采用工具切断电源时应使用绝缘工具，戴绝缘手套，穿绝缘靴。夜间扑救还应注意照明。

2. 带电灭火

发生电气火灾，有时情况危急，等断电再扑救就会扩大危险性，这时为了争取时间控制火势，就需带电灭火。带电灭火的注意事项如下。

(1)带电灭火必须使用不导电灭火剂，如二氧化碳、1211、干粉灭火器、四氯化碳等。

(2)扑救时应戴绝缘手套，与带电部分保持足够的安全距离。

(3)当高压电气设备或线路发生接地时，室内扑救人员距离接地点不得小于4 m，室外不得小于8 m，进入上述范围应穿绝缘靴、戴绝缘手套。

(4)扑救架空线路跨火灾时，人体与带电导体仰角不大于45°。

3. 充油设备的灭火

充油设备发生火灾时，首先要切断电源，再用干燥黄沙盖住火焰。在火势严重的情况下，可进行放油，在储油池内用灭火剂灭火。禁止用水灭燃油火头。

4. 旋转电机的灭火

扑救旋转电机的火灾时，应防止轴承变形，可使用喷雾水流均匀冷却，不得用大水流直接冲射，另外可用二氧化碳、1211、干粉灭火器扑救。严禁用黄沙扑救，防止进入设备内部损坏机芯。

附录

附录一 工程电气设备安装调试工职业技能标准

第一节 一般规定

工程电气设备安装调试工职业环境为室内、外及高空作业,并且大部分在常温下工作(个别地区除外),施工中会产生一定的灰尘和环境噪声,会接触到一定的工业电磁波辐射。

第二节 职业技能等级要求

一、初级工程电气设备安装调试工

1.理论知识

(1)掌握一般电工学知识,明确基本概念和基本物理量,能进行电路的简单计算及常用计量单位的换算。

(2)熟悉国家标准电气图形符号,会识电工图及文字标注代号,基本看懂电气施工图纸。

(3)了解常用电气材料名称、规格、用途,会检验、保管、使用和选择。

(4)掌握常见电气设备、器件的简单工作原理、构造、类型、规格、用途、接线方法、保管和检查方法。

(5)掌握电气设备安装调试知识。

(6)熟悉本专业规程、规范、标准方面的知识。

(7)掌握相关专业基本操作知识。

2.操作技能

(1)能够正确使用常用电工检测仪表检测一般电气设备和电路。

(2)能够正确使用电工工具设备进行电气工程安装。

(3)能够看懂电气设备、材料的装箱清单,完成电气设备、材料的清点和外观检查,根据要求进行编号,并做出详细记录。

(4)能够独立完成 10 kV 以下电缆的检查、绝缘测试;能参与完成直埋电缆敷设、电缆穿导管敷设、电缆沿支架、桥架敷设;能完成低压电缆中间头、终端头的制作安装。

(5)能够完成 10 kV 以下配电柜基础型钢的安装、成套配电柜的安装,能完成电流、电压、互感器的接线,能完成照明配电箱安装及检查接线。

(6)能够完成裸硬母线(铜、铝)冷弯、连接、安装。

(7)能够完成起重电器装置的滑接线和移动电缆的测量、定位、安装。

(8)能够完成电动机绝缘电阻测试,能完成直流电动机接线,能判定三相异步电动机定子绕组的始端和末端,完成三相异步电动机 Y 及 △ 的接线。

(9)能够完成一般民用与工业建筑照明、动力、弱电系统的配管、配线工程。

(10)能够安装防雷、接地装置,并且进行接地电阻值测定。

(11)能够完成各种灯具、开关、插座、电风扇的安装,并能通电试运行。

(12)能够参与完成 12m 以下单杆组立,10 kV 以下外线架设,普通拉线制作安装。

(13)能够按图加工、组装非标准低压配电箱、盘、柜及各种支架。

(14)能够参与完成电梯安装工程电气装置安装。

(15)能够进行触电急救及人工呼吸方法。

二、中级工程电气设备安装调试工

1.理论知识

(1)掌握电子技术基础知识,看懂一般电气设备的电子线路图纸。

(2)熟悉 10 kV 变电所的安装图、原理图、系统图、建筑结构图及零部件加工图。

(3)掌握电气安装工程施工规范、验收标准及交接预防性试验标准。

(4)掌握常用继电保护装置、信号装置的工作原理。

(5)熟悉特种变压器、电力变压器的用途、原理、构造、特性及接线方法,变压器并联运行条件,变压器吊芯检查及干燥方法。

(6)熟悉旋转电机类型、构造、特性、接线方法、一般故障的分析判断方法,电机抽芯检查及干燥方法。

(7)熟悉一般电工仪表、自控仪表的种类、用途、接线和安装方法。

(8)熟悉防爆、防火、防腐、防潮、防尘等特殊电气工程的基本知识。

(9)熟悉智能建筑基本知识,基本明确系统的组成及工作原理。

(10)了解现场施工管理知识。

(11)了解法律法规知识。

2.操作技能

(1)能够领会技术、安全交底的所有内容要求,执行施工规范及安全操作规程。

(2)能够进行现场临时施工用电的安装布置,根据施工图纸的安装要求,实际施工条件,提出施工机具计划,提出主材和辅材计划。

(3)能够完成10 kV以下电缆敷设及室内、外中间头、终端头的制作安装,能进行一般电缆故障的判断处理。

(4)能够参与完成10 kV变电所的安装;能在指导下完成大型变压器吊芯检查、变压器干燥工作;能配合起重工完成变压器二次搬运和变压器就位安装;能完成变压器的核项工作;能在指导下完成变压器的交接试验。

(5)能够在指导下完成10 kV变电所的各种开关、断路器、操作机构的安装和解体检查调整;应能完成二次接线的敷设和检查试验。

(6)能够完成电动机的抽芯检查和线圈的干燥工作;能完成电动机的控制、保护、启动装置的安装和检查接线;能完成电动机的试运行并且正确填写调试记录。

(7)能够完成钢索配管配线工程全部工作。应能完成景观照明安装调试。应能完成水下照明安装调试。

(8)能够完成防爆电气线路和电气设备的安装调试和验收工作。

(9)能够完成起重电器电气设备及保护装置的安装调试工作并正确试运行和填写调试记录。

(10)能够完成封闭插接式母线安装调试工作。应能完成安全型滑接式输电导管安装调试工作。

(11)能够完成智能建筑弱电系统设备安装、接线、核对地址编码,并能在指导下完成系统调试。

(12)能够根据图纸安装热工仪表并正确接线。

(13)能够完成电梯调试前的电气检查,电梯基本功能的调试,电梯楼层信号紊乱等电气故障排除。

(14)能够校验一般工程测量仪表。

(15)能够完成各类低压电气设备控制系统的安装、接线、检查、调整、试验工作。

三、高级工程电气设备安装调试工

1.理论知识

(1)掌握复杂电气传动知识,看懂电气自控原理图,一般晶闸管线路图,懂得变频调速原理及直流调速原理。

(2)掌握复杂的变电一次设备安装图、系统图、变电二次电路图、变电二次接线图。

(3)熟悉一般机械设备的装配图、液压系统图、传动系统图及自控系统安装图。

（4）掌握各种继电保护装置类型、工作原理、保护范围。

（5）熟悉各种变压器、电动机和电气设备的故障、产生原因及检查方法。

（6）了解同步电动机工作原理，同步电动机的励磁方式及励磁装置

（7）掌握初步的数字控制技术知识，电子计算机程序控制和工业电视的基本知识。

（8）熟悉电气施工管理知识，单位工程施工组织设计的编制程序和内容，班组经济核算知识。

（9）了解新技术，新工艺，新材料，新设备的性能和应用知识。

2．操作技能

（1）能够看懂全套电气施工图纸，领会设计意图和施工工艺要求，能审核施工图纸，并能提出修改意见。

（2）能够按施工图编制本职业施工项目的工、料预算。编制施工项目简要施工方案。

（3）能够完成变压器、电动机的各项性能测试、试验工作。

（4）能够正确使用仪器仪表，完成变电所继电保护装置的单体检验、调整、传动试验工作。

（5）能够根据大型工业厂房、高级宾馆、舞台电力等控制设备（包括弱电自控系统）的要求，完成安装工艺操作。

（6）能够参与完成各种建筑弱电系统的调试、联动试运行工作并做好调试、试运行记录。

（7）能够完成电梯电气系统全部检测、试验、调整工作，并做好检测、试验记录。

（8）能够参与完成大型电气系统工程联动试运转；配合有关生产工艺流程调整和试运行自动化仪表系统。

（9）能够在电气设备启动运行中及时判断不正常现象，分析原因，并采取防止事故发生的措施。

（10）能够完成 10 kV 以下电力线路架设及高压电缆敷设的全部工作，并能进行高压电缆的检验、试验工作。应能运用仪器设备寻测电缆故障点。

（11）能够完成柴油发电机组安装调试工作，配合有关专业发电。完成发电机交接试验、电源核相、与电网安全连锁、参与发电机并网运行同步调整等工作。

（12）能够完成双路电源供电系统备用电源自动投入装置安装与调试工作。应能完成不间断电源的安装调试工作。

（13）能够完成电气安装工程质量鉴定工作，并提供原始技术资料。

（14）能够对初级工、中级工示范操作，传授技能、解决电气安装工程和配合施工中有关本职业的疑难问题，改进施工工艺进行技术革新。

(15)能够制定防止机械伤人、触电、电气火灾的措施,制定高空作业安全措施。

四、工程电气设备安装调试工技师

1.理论知识

(1)掌握复杂电气设备和数控设备的识图知识,看懂10 kV复杂变电所的全部电气图纸、数控设备的控制原理框图、一般机械类图纸。

(2)熟悉数控设备的结构、应用及了解编程知识,熟悉电气系统、液压系统的基本原理,掌握分析与排除电气故障的方法。

(3)熟悉常用电子线路及手册的查阅方法,熟悉常用电子元器件、集成电路的功能,掌握变频器及可编程序控制器等复杂电气设备、电气系统的配线与安装知识。

(4)了解计算机控制的接口电路基本知识,掌握常用传感器的基本知识。

(5)掌握国内本职业的新技术、新工艺、新材料、新设备的应用知识。

(6)了解机械设备、电气控制系统及电气设备大修工艺的编制方法,会一般复杂程度工艺要求的电气线路设计。

(7)熟悉本专业工作相关的质量标准、质量分析与控制方法。

(8)掌握施工生产管理的基本知识。

(9)掌握安全生产法律、法规及本职业安全操作规程知识。

2.操作技能

(1)能够讲解电气施工图纸和《电气工程施工组织设计》的内容;编制电气分项工程施工方案;独立审核电气施工项目的施工预算。

(2)能够根据施工图纸、电气安装工程内容,检查施工准备工作是否符合要求,并提出合理的改进措施。

(3)能够编制生产设备的电气系统及电气设备的大修工艺。

(4)能够审核较复杂的电气施工图纸,并能提出修改意见。

(5)熟悉复杂的建筑电气系统安装全过程。能够根据工程复杂程度和生产工艺的要求,改进较复杂程度电气原理图、电气接线图,并且安装实践。

(6)能够完成10 kV以下变配电工程的全部安装调试工作、变配电系统的启动试运行工作。

(7)能够准确判断电气设备故障及原因;及时判断运行设备中的非正常现象,找出原因,采取措施,防止事故的发生。

(8)具备较全面的本专业技术理论知识,具备较丰富的实际操作经验,能够指导本等级以下技工进行实际操作,并能在安装调试运行过程中担当技术、安全监护人。

(9)贯彻各项质量标准,应用全面质量管理知识,实现操作过程的质量分析与控制。

(10)能够编制本工种的安全措施,在安装调试工作中落实现场安全、文明、环保施工措施。

(11)能够正确使用智能化仪器仪表,提高电气设备安装调试速度和精度。

五、工程电气设备安装调试工高级技师

1.理论知识

(1)掌握全面的电气技术理论知识,看懂本专业复杂施工图、电气原理图;快速接受高、新、精设备,数控设备,计算机控制技术,看懂相关电气技术资料。

(2)掌握与电气相关专业的技术理论知识,看懂与电气相关专业的施工图,掌握机械原理基本知识,具备综合故障诊断排除技术。

(3)掌握各种常见复杂电气的系统构成,各子系统电路的组成形式、原理、性能和应用知识。

(4)熟悉抗干扰技术一般知识及应用,知道各类电气控制系统误动作原因及排除措施。

(5)掌握本专业新技术、新工艺、新材料、新设备的应用知识,并能快速推广使用。

(6)熟悉计算机控制系统、数控系统、伺服系统、执行系统的基本知识和实际应用知识。

(7)掌握全面的智能化建筑弱电系统知识,全程掌握其安装、编码、调试、联动运行技术。

(8)掌握全面的变配电知识,全程掌握 10 kV 变配电所的电气调试试验技术。

(9)掌握安全文明生产法规知识,熟知电气工程施工验收规范,协同管理者对安全质量的控制管理。

(10)掌握全面质量管理 ISO9000 系列标准知识,协同管理者编制本职业的全面质量管理标准和程序。

2.操作技能

(1)能够审核全部电气施工图纸,参加重要复杂项目的图纸会审、设计变更的审核,并能提出有效修改措施和建议;编制电气安装调试工程的施工组织设计和特殊工艺规程;讲解本职业所有的施工技术文件。并能设计计算临时施工用电,编写用电方案。

(2)能够及时处理施工中的难点和疑难问题、针对各种故障和意外情况,有效提出解决的方法和措施。

（3）能够主持 10 kV 以下的变配电所停送电全部工作；能够主持 10 kV 以下电缆敷设、设备安装、试验的全部工作。

（4）能够主持大型同步电动机安装、拖动调试，直流电动机拖动调试及启动试验，交流电动机拖动调试与试车。

（5）能够主持大型工业厂房、高级宾馆、体育场馆变配电、电气工程施工，应能进行质量鉴定并提供相应的技术资料。

（6）能够主持工厂供电，工厂电气控制、高层建筑、智能建筑等电气工程安装调试全部工作，并能进行工程交工资料的整理、组卷。

（7）能够正确使用和维护先进的工具设备、仪器仪表；会使用各类传感器，能进行非电量的电测。

（8）具备较全面的电气专业技术理论知识，丰富的实际操作经验和超群的操作技艺，能够指导本职业高级技工和技师进行实际操作。

（9）能够参与电气设备安装调试重大技术方案和重要技术措施的审定；参加电气设备安装工程重大质量事故、设备事故的分析，并提出解决和处理问题的具体意见。

（10）能够对本职业高级技工和技师进行技术培训和考核，传授电气安装调试特殊工艺。

（11）了解本职业的发展趋势，能组织科技攻关，迅速推广科技新成果，成为本职业施工技术的带头人。

附录二　工程电气设备安装调试工职业技能考核试题

一、填空题（10 题，20%）

1. 在交流放大器中引入负反馈具有稳定放大倍数的作用，也能减少　非线性失真　。

2. 三相四线制供电的星形联结电路，在任何情况下中性线上的电流等于　各相电流的相量和　。

3. 桥式起重机制提升机构，当下降重物时，为获得低速下降速度，可采用　倒拉反接　制动。

4. 在电容串联电路中，电容量越大的电容其两端电压　越小　。

5. 将变压器的一侧绕组短路，在另一侧加入适当降低的电压，使变压器的高、低压绕组中产生接近额定电流的短路电流，利用短路电流通过绕组的有效电阻所产生的热量来加热变压器，这种方法称　铜损干燥法　。

6. 三极管的集电结与发射结都处于反身偏值状态，则三极管工作在　截止区　。

7. ___行程限位没复位___ 会导致桥式起重机只能朝一个方向运行。

8. 少油断路器静动触头导电直流电阻最好采用 ___降压法___ 测量。

9. 有腐蚀性或爆炸危险的厂房内安装桥式起重机的滑线应使用 ___软电缆___ 作导体供电。

10. 在具有严重腐蚀（如酸、碱）的场所，电气管线的敷设，应采用 ___塑料管___ 。

二、判断题（10题，10%）

1. 电阻元件的阻值是越串越大，而电容元件的容量是越串越小。（√）

2. 电压表与电流表的最大区别在于表头内阻不同。（√）

3. 低压电器是用来接通或断开电路，以达到控制、调节和保护电动机的启动、正反转、制动和调速等目的的电气元件。（√）

4. 单相三孔插座的接线应是面对插座上孔接接地线，右孔接零线，左孔接相线。（×）

5. 继电器是用来对二次回路作长期过载保护的。（√）

6. 在交流电路中，纯电阻负载上的电压与电流同相。（√）

7. 熔断器的熔体具有反时限特性（√）

8. 在交流电路中，电感线圈的感抗与电源频率、电感系数成正比关系。（√）

9. 改变电源相序，而达到三相感应电动机迅速停止转动的方法，称为发电制动。（×）

10. 因为电压的单位和电位的单位都是伏特，所以电压与电位的含义是相同的。（×）

三、选择题（20题，40%）

1. 国内单相电度表多数采用 ___C___ 接法。
A. 顺入式　　　　　　B. 倒入式　　　　　　C. 跳入式

2. 室内灯具距地面高度一般不低于 ___B___ m。
A. 2　　　　　　　　B. 2.5　　　　　　　C. 3

3. 因电气故障起火时，要立即拉开电源开关，不能用 ___C___ 灭火器灭火。
A. 二氧化碳　　　　　B. 1211　　　　　　C. 泡沫

4. 铝硬母线采用搭接方式连接时，接触面须涂以 ___B___ 。
A. 中性凡士林　　　　B. 电力复合脂　　　　C. 密封膏

5. 正弦交流电的三要素是指 ___C___ 、角频率、初相角。
A. 平均值　　　　　　B. 有效值　　　　　　C. 最大值

6. 架空线路直线段横担应装于 ___B___ 侧。

A. 供电　　　　　　　　B. 受电　　　　　　　　C. 拉线

7. 锉铝硬母线的锉刀一般应选用　B　锉刀。

A. 双纹　　　　　　　　B. 单齿纹　　　　　　　C. 细齿纹

8. 电机、变压器用的硅钢片是　A　材料。

A. 导磁　　　　　　　　B. 导热　　　　　　　　C. 非磁性

9. 变压器初级电压不变,要增加次级电压时应增加　C　。

A. 铁芯截面　　　　　　B. 次级导线直径　　　　C. 次级绕组匝数

10. 　B　不属于降压启动器。

A. 补偿启动器　　　　　B. 磁力启动器　　　　　C. 延边三角启动器

11. 使用手锯锯割硬材料和各种板材、管材、电缆等材料时应选用　C　锯条。

A. 粗齿　　　　　　　　B. 中齿　　　　　　　　C. 细齿

12. 测量三相四线制电能用一表法只适用于　A　的场合。

A. 负载对称　　　　　　B. 负载不对称　　　　　C. 三相不平衡

13. 导体两端的电压和通过导体的电流的比值叫做　C　。

A. 电导　　　　　　　　B. 阻抗　　　　　　　　C. 电阻

14. 并联电阻中的　B　分配和电阻的大小成反比。

A. 电压　　　　　　　　B. 电流　　　　　　　　C. 电势

15. 如果单相半波整流电路中的二极管反接,则会引起　C　。

A. 输出端短路　　　　　B. 无直流输出　　　　　C. 输出直流极性相反

16. 根据物质的导电性能,常把物质分为　B　三种类型。

A. 有色金属、黑色金属、非金属

B. 导体、半导体、绝缘体

C. 橡胶、塑料、瓷器

17. 额定直流电压　C　电路中的电器称低压电器。

A. 1 kV 及以下　　　　　B. 1.2 kV 及以下　　　　C. 2 kV 及以下

18. 架空线路导线连接时,每个档距内最多只能有　A　个接头。

A. 1 个　　　　　　　　B. 2 个　　　　　　　　C. 3 个

19. 单相插座的接线,应该是　A　。

A. 面对插座右相左零

B. 面对插座右零左相

C. 背对插座右相左零

20. 发生触电事故时,对触电者首先采取的措施是　A　。

A. 迅速解脱电源

B. 简单诊断

C. 立即送医院抢救

四、问答题(5 题 ,30％)

1. 简述照明平面图和照明系统图的作用。

答:照明平面图的作用是表明:(1)线路的敷设位置、敷设方式;(2)灯具、开关、插座、配电箱的安装位置、安装方法、标高等。系统图的作用是表明:(1)照明的安装容量、计算负荷;(2)导线的型号、根数、配线方式、管径;(3)配电箱、开关、熔断器的型号、规格等。

2. 什么是绝缘材料的老化? 导致绝缘材料老化的主要原因是什么?

答:绝缘材料在使用过程中,由于各种因素的长期作用,会发生化学变化和物理变化,使电气性能和机械性能变坏,称为老化,影响绝缘材料老化的因素很多,主要是热的因素。使用时温度过高,会加速绝缘材料的老化过程,因此对各种绝缘材料都规定了它们在使用过程中的极限温度,以延缓绝缘材料的老化过程,保证电工产品的使用寿命。

3. 简述电动机安装、接线完毕后,进行试车时的注意事项。

答:(1)用兆欧表测量绝缘电阻。若绕组间或绕组对地的绝缘电阻达不到要求,则应采取烘干措施。

(2)检查电机铭牌上所示的电压、接法等是否吻合。

(3)检查电动机转轴是否能自由旋转。

(4)检查电动机的接地装置是否可靠。

(5)对要求单方向运转的电动机,须检查运转方向是否与该电动机运转指示箭头方向相同。

(6)检查电动机的接线是否正确。

(7)检查电动机的启动、控制装置中各个电气元件是否完好,熔断器的熔体设置是否合理。

(8)断开电动机的主回路,检查和试验控制回路功能是否全部满足。

(9)接通主回路,合上电源,令电动机启动、运转。启动后,要监视电动机的电流是否超过规定值,并检查有无摩擦声、尖叫声,其他不正常声音及异常的臭气味,是否局部过热。

(10)冷态连续启动 2～3 次后,再进行两小时的空载运转,若无异常现象,则电动机的安装便告结束。

4. 简述如何解救触电者,救护人在解救触电者时应注意什么?

答:触电者接触带电体时,会引起肌肉痉挛,若手握导线则握得很紧不易解脱,所以救护触电的人,首先是迅速地将电源断开,使触电者尽快地脱离电源。救护人应采取的断电方法及注意事项如下。

（1）未断电前使用安全用具去接触触电者，禁止赤手接触触电者的身体。

（2）如果人在较高的地方触电，在切断电源的同时，应采取措施，防止触电者松手后从高处落下，造成严重的摔伤。

（3）在夜间或照明不足时，应利用其他光源（电池灯、手电筒、蜡烛等）解决照明问题。

5. 简述拉线的种类及作用。

答：拉线是为了平衡电杆各方面的作用力，并抵抗风压，防止电杆倾倒而采用的。拉线有下列几种。

（1）普通拉线：用在线路的终端杆、转角杆、耐张杆等处，起平衡拉力的作用。

（2）两侧拉线：垂直于线路方向安装，装于直线杆的两侧，用以增强电杆抗风能力。

（3）四方拉线：垂直于线路方向和顺线路方向，在电杆四周都装拉线，用以增强耐张杆的稳定性。

（4）过道拉线：由于电杆距道路太近，不能就地安装拉线时，即在道路另一侧立一根拉线杆，在此杆上做一条过道拉线。过道拉线应保持一定高度，以免妨碍交通。

（5）共同拉线：因地形限制不能安装拉线时，可将拉线固定在相邻电杆上，用以平衡拉力。

（6）V形拉线：主要用于电杆较高、横担较多、架设导线根数较多时，在拉力合力点上下两处各安装一条拉线，其下部则合为一条，构成"V"形。

（7）弓形拉线：又称自身拉线，为防止电杆弯曲，又因地形限制不能安装拉线时采用，即在电杆中部加一支柱，在其上下加装拉线。

参 考 文 献

[1]《建筑施工手册》第四版编写组.建筑施工手册[M].4版.北京:中国建筑工业出版社,2003.

[2]北京土木建筑学会.安装工程施工技术手册[M].武汉:华中科技大学出版社,2008.

[3]何利民,尹金英,刘家玙.电工手册[M].北京:中国建筑工业出版社,2006.

[4]祁政敏.施工现场临时用电安全手册[M].北京:中国计划出版社,2006.

[5]陆荣华,史湛华.建筑电气安装工长手册[M].北京:中国建筑工业出版社,2007.

[6]建设部人事教育司.建筑电工[M].北京:中国建筑工业出版社,2007.

[7]姜敏.电工操作技巧[M].北京:中国建筑工业出版社,2003.

[8]姜敏.现场电工[M].北京:中国建筑工业出版社,1998.

[9]郎禄平.建筑电气设备安装调试技术[M].北京:中国建材工业出版社,2003.

[10]史湛华.建筑电气施工百问[M].北京:中国建筑工业出版社,2006.